草地贪夜蛾
监测与防治技术手册

陆永跃　黄德超　章玉苹　主编

华南理工大学出版社
SOUTH CHINA UNIVERSITY OF TECHNOLOGY PRESS
·广州·

图书在版编目（CIP）数据

草地贪夜蛾监测与防治技术手册/陆永跃，黄德超，章玉苹主编．—广州：华南理工大学出版社，2020.5
　ISBN 978－7－5623－6361－3

　Ⅰ．①草…　Ⅱ．①陆…②黄…③章…　Ⅲ．①夜蛾科－外来入侵动物－防治－技术手册　Ⅳ．①S449－62

中国版本图书馆 CIP 数据核字（2020）第 084682 号

草地贪夜蛾监测与防治技术手册

陆永跃　黄德超　章玉苹　主编

出　版　人：**卢家明**

出版发行：**华南理工大学出版社**
　　　　　（广州五山华南理工大学 17 号楼，邮编 510640）
　　　　　http：//www.scutpress.com.cn　E-mail：scutc13@scut.edu.cn
　　　　　营销部电话：020－87113487　87111048（传真）

策划编辑：林起提

责任编辑：王荷英

责任校对：詹伟文

印　刷　者：广州家联印刷有限公司

开　　　本：889mm×1194mm　1/32　印张：3.5　字数：88 千

版　　　次：2020 年 5 月第 1 版　2020 年 5 月第 1 次印刷

定　　　价：28.00 元

编辑委员会

前　言

　　草地贪夜蛾（*Spodoptera frugiperda*）原产于美洲热带和亚热带地区，具有适生区域广、寄主范围宽、增殖潜能强、扩散速度快、突发危害重等显著生物学特征，是联合国粮农组织全球预警的重大跨境迁飞性害虫。自 2016 年 1 月在原产地以外发现以来，短短 4 年时间已经入侵了非洲、亚洲、大洋洲等 70 多个国家并暴发成灾，对全球粮食生产安全造成了严重威胁。

　　2019 年 1 月 11 日我国在云南省普洱市江城县首次发现草地贪夜蛾幼虫，截至 2019 年 10 月 8 日该虫已经扩散至西南、华南、江南、长江中下游、黄淮、西北、华北等广大地区 26 省（自治区、直辖市）1518 个县（区、市），累计发生面积 1620 万亩。草地贪夜蛾入侵对我国粮食安全威胁严重。该虫在我国周年繁殖区范围较大，越冬后凭借强大的远距离迁飞能力快速在全国蔓延为害，成为我国新的重大突发性、暴食性害虫，将对我国粮食生产安全构成长期性威胁。2020 年及未来一定时期内，该虫发生区域将持续扩大，我国每年作物受害面积可达上亿亩，经济损失包括作物产量损失巨大。如果对该虫防治不当可导致玉米减产 20% 或者以上，即我国每年玉米产量将损失 600 万 ～1000 万吨，直接经济损失 100 亿 ～200 亿元人民币。

　　我国政府、科学界和民众高度重视草地贪夜蛾入侵防控问题。在政府主导下建立了高效的管理与防控体系，提出并采取了一系列有效监测和防控草地贪夜蛾的技术措施，并取得了显著效果，2019 年草地贪夜蛾未对我国粮食生产造成较大损失。

为了更好地宣传和普及防控草地贪夜蛾的相关知识，我们编写了本书。本书参阅了国内外相关资料，结合作者的研究成果，较为详细地介绍了草地贪夜蛾的形态特征、地理分布与扩散、生物学与发生动态、调查监测与预报、防控策略与技术等内容。为了便于基层植物保护机构、组织和农户实施草地贪夜蛾防治措施，书后附录列有《2020 年全国草地贪夜蛾防控方案》（农业农村部）、《2020 年草地贪夜蛾防控技术方案》（全国农业技术推广服务中心）。期望本书能为我国草地贪夜蛾预防与控制工作提供参考。

本书获得了广东省重点领域研发计划项目（2020B020223004）、广东省现代农业产业技术体系创新团队项目（2019KJ134、2019KJ104）等资助。

由于编者水平有限，本书疏漏及不足之处在所难免，诚望读者不吝赐教！

编　者

2020 年 4 月 20 日

目　录

第一章 形态特征识别

一、分类地位

草地贪夜蛾，又称秋黏虫或秋行军虫，学名为 *Spodoptera frugiperda*（Smith），学名异名为 *Spodoptera macra*（Güenée）、*Spodoptera inepta*（Walker）、*Spodoptera plagiata*（Walker）、*Spodoptera signifera*（Walker）、*Spodoptera automnalis*（Riley）、*Laphygma frugiperda*（Smith），英文名为 Fall armyworm，属于鳞翅目夜蛾科灰翅夜蛾属，是新入侵我国的迁飞性害虫。草地贪夜蛾原产于美洲热带和亚热带地区，目前已在非洲、亚洲、欧洲、大洋洲等地发现该虫入侵为害（EPPO Global Database，2020）。

二、形态特征

草地贪夜蛾的生活史包括卵、幼虫、蛹、成虫四个阶段。各个虫期的主要形态特征主要依据郭井菲等（2019）、李国平等（2019）、赵胜园等（2019a）、孔德英等（2019）、欧洲和地中海植物保护组织（European and Mediterranean Plant Protection Organization，2015）等的相关文献资料整理描述如下。

1. 卵

草地贪夜蛾产卵方式为块产，玉米型雌虫主要产卵于玉米叶片正面或背面。多粒卵堆积成块状，通常覆盖白色、浅黄色或浅灰色的绒毛，单个卵块一般有 100～200 粒卵不等，通常多层，偶有单层排列。卵粒直径约 0.4 毫米，高约 0.3 毫米，底部扁平，呈圆顶形，卵粒表面具放射状花纹，具光泽（图1-1）。卵初产时淡绿色或者乳白色，随着发育时间增加，逐步变为浅红色、褐色至黑色，卵壳为白色。

图1-1　草地贪夜蛾的卵块和卵粒

（A～E，陆永跃摄；F，引自 USGS Bee Inventory and Monitoring Lab）

2. 幼虫

幼虫一般6个龄期，体色多变，常为墨绿色、褐色、淡黄色、灰黑色等。3龄及以上幼虫，头部蜕裂线呈明显白色或浅黄色倒"Y"形。中后胸及腹节每节背面均有4个长有刚毛的黑色或黑褐色毛瘤。第八、第九腹节背面的毛瘤显著大于其他各节，第八腹节背面4个毛瘤呈正方形排列，第九腹节背面4个毛瘤为一字形排列（图1-2）。各龄幼虫的头宽和体长见表1-1，田间调查采样时可根据这些数据确定幼虫龄期。

表 1-1　草地贪夜蛾各龄幼虫的头宽和体长

单位：毫米

指标	幼虫龄期					
	1	2	3	4	5	6
头宽	0.35 (0.3～0.4)	0.5 (0.4～0.6)	0.75 (0.7～0.8)	1.3 (1.1～1.4)	2.0 (1.8～2.1)	2.6 (2.5～2.8)
体长	1.7 (1.5～2.5)	3.5 (3.0～5.0)	8.0 (6.0～11.0)	16.0 (12.0～20.0)	28.0 (20.0～35.0)	38.0 (35.0～45.0)

侧背面观　　　　　　　　　体背黑色或黑褐色毛瘤

头部"Y"形纹　　　　　第八、第九腹节背面毛瘤

图 1-2　草地贪夜蛾高龄幼虫典型形态特征（齐国君摄）

1 龄幼虫　幼虫孵化后通常会吃掉卵壳。初孵幼虫头壳黑色或黑褐色，具光泽，头宽 0.3 ～ 0.4 毫米，像个"大头娃娃"

（图1－3）；体灰色，长约1.5毫米，随着发育变为黄绿、浅绿
色，体长增至2.0～2.5毫米。体上线纹不明显，具明显黑色毛
瘤。前胸盾形骨片黑色，中胸、后胸背面毛瘤呈一排，第一至七
腹节背面毛瘤呈梯形，第八腹节背面毛瘤呈正方形，第九腹节背
面毛瘤呈一排，无足腹节腹面均具一排毛瘤。胸足黑色，腹足灰
色，腹足趾钩数一般为5～6个，臀板灰色。幼虫孵化后吐丝下
垂、分散，取食植株幼嫩部位。

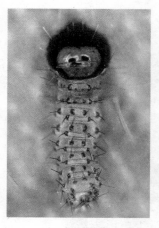

A. 初孵幼虫

B. 初孵幼虫集群

C. 生长中期

D. 末期

图1－3　草地贪夜蛾1龄幼虫形态特征

（A，齐国君摄；B～D，陆永跃摄）

2 龄幼虫　头壳褐色或黑色，宽 0.4～0.6 毫米，无 "Y" 形纹。体长 3.0～5.0 毫米，呈浅绿或淡黄色，黑色毛瘤明显，背中线、亚背线和气门线明显。腹部气门线与气门上线多有红褐色斑纹。随着体长增加，前胸盾形骨片与头分离。胸足黑色，腹足基部为灰色，腹足趾钩一般 8～10 个，臀板灰黑色（图 1-4）。幼虫有吐丝习性。

3 龄幼虫　头壳褐色或黑色，宽 0.7～0.8 毫米，"Y" 形纹明显，头壳两侧出现网状纹。体长 6.0～11.0 毫米，体背面由绿色变成浅褐色，腹面为白色。背线、亚背线均为白色，各线附近有零星红褐色斑纹；腹部气门线与气门上线为红褐色斑纹。胸足黑色，腹足灰色，第一至四腹足趾钩 10～14 个，臀板灰黑色（图 1-4）。

4 龄幼虫　头壳青黑色或褐色，宽 1.1～1.4 毫米，两侧网状纹和 "Y" 形纹明显，呈白色。体绿色至灰黑色，体长 12.0～20.0 毫米。背线、亚背线和气门线白色或淡黄色，气门线与气门下线之间为淡红褐色。气门线与背线之间为淡绿色与红褐色相间，背侧线之间为灰色或灰绿色，并夹杂红褐色和白色。胸足黑色，基部灰色，第一至四腹足趾钩 11～15 个，臀板灰黑色（图 1-4）。幼虫自相残杀习性明显。

5 龄幼虫　头壳褐色或黑色，宽 1.8～2.1 毫米，白色 "Y" 形纹明显，头壳网状纹从头顶延伸至蜕裂线。体色褐色或黑褐色，体长 20.0～35.0 毫米。背线、亚背线和气门线淡黄色，贯穿胸部和腹部各节。背侧线之间红褐色，夹杂白色和灰绿色；背侧线与气门线之间为灰绿色，夹杂白色；气门线与气门下线之间为红褐色，夹杂白色。胸足淡黄色，第一至四腹足趾钩 17～18 个（图 1-4）。幼虫自相残杀习性明显。

6龄幼虫 头壳褐色至黑色，宽2.5～2.8毫米，网状纹和白色"Y"形纹明显。体色多为褐色，体长35.0～45.0毫米。背线、亚背线和气门线淡黄色，背侧线之间红褐色，夹杂白色；背侧线与气门线之间为灰绿色，夹杂红褐色和白色；气门线与气门下线之间为红褐色和白色（图1-4）。幼虫自相残杀习性明显。

2龄背面

2龄末期

3龄中期背面

3龄侧面

4龄背面

4龄侧面

5 龄背面　　　　　　　　　　　　5 龄侧面

6 龄背面　　　　　　　　　　　　6 龄侧面

图 1 - 4　草地贪夜蛾 2 ～ 6 龄幼虫形态特征（陆永跃摄）

3. 蛹

被蛹，椭圆形，体长 14.0 ～ 18.0 毫米，宽 4.5 毫米，化蛹初期为淡绿色，逐渐变为红棕色至黑褐色（图 1 -5）。第二至七腹节气门呈椭圆形，开口向后方，围气门片黑色，第八腹节两侧气门闭合。第五至七腹节可自由活动，后缘颜色较深，第四至七腹节前缘具磨砂状刻点。腹部末节具两根臀棘，臀棘基部较粗，分别向外侧延伸，呈"八"字形，臀棘端部无倒钩或弯曲。

预蛹背面　　　　预蛹侧面　　　　蛹背面　　　　蛹侧面

图1-5　草地贪夜蛾预蛹和蛹的形态特征

（预蛹背面和侧面图陆永跃摄；蛹背面和侧面图齐国君摄）

4. 成虫

1）雄虫

体长15.0～20.0毫米，翅展32.0～40.0毫米，头、胸、腹灰褐色。前翅灰褐色，夹杂白色、黄褐色与黑色斑纹；环形纹黄褐色，边缘内侧较浅，外侧为黑色至黑褐色，上方有一黑褐色至黑色斑纹；肾形纹灰褐色，前后各有一黄褐色斑点，后侧斑点较大，左右两侧均有一白斑。前翅顶角处有一较大白色斑纹，为典型特征；亚缘线白色；外缘线黄褐色，颜色较浅，缘毛黑褐色，外缘线与亚缘线间有"工"字形黑色斑。腹面观前翅外缘线内侧有三角形黑色斑点。

后翅淡白色，顶角处有一灰色斑，并延伸至后缘 Cu_2 脉，外缘线白色，缘毛淡黄色或白色。

腹部为红褐色，两侧各有一排黑色斑点，腹部末节鳞毛有一缺口。生殖节鳞毛较长，黄褐色。腹面观前胸、中胸颜色较深，为红褐色，具灰黑色鳞毛（图1-6）。

展翅雄虫背面　　　　　　　　展翅雌虫背面

展翅雄虫腹面　　　　　　　　展翅雌虫腹面

雄虫（左）、雌虫（右）背面　　　雄虫（左）、雌虫（右）腹面

雄虫侧面　　　　　　　　　　雌虫侧面

图1-6　草地贪夜蛾成虫形态特征

［展翅雄虫和雌虫背面图引自 Lyle J. Buss，展翅雄虫和雌虫腹面图引自赵胜园等（2019a），其他图为陆永跃摄］

2）雌虫

体长 15.0 ～ 20.0 毫米，翅展 32.0 ～ 40.0 毫米，头、胸、腹、前翅为灰色至灰褐色。前翅具环形纹、肾形纹；环形纹内侧灰褐色，边缘黄褐色；肾形纹灰褐色，夹杂黑色和白色鳞片，边缘黄褐色，不连续；前翅缘毛灰黑色，可见外缘线、亚缘线、中横线、内横线，外缘线、亚缘线颜色较浅，中横线、内横线颜色较深，近褐色至黑色；顶角处靠近前缘有一不明显白斑。

后翅为淡白色，顶角处有一灰色斑，延伸至后缘 Cu$_2$ 脉处；外缘线白色，缘毛黄白色。

腹部为红褐色，较雄虫颜色浅，两侧各有 4 个黑色斑点，腹部末节鳞毛无缺口。腹部末节鳞毛较雄虫短，背面为灰色。腹面观前翅外缘线白色，内侧有不连续三角形黑斑；后翅外缘线白色，内侧有不连续黑色斑。腹面观前胸、中胸鳞毛红褐色，颜色较浅（图 1 - 6）。

三、 常见蛾类害虫形态特征比较

草地贪夜蛾入侵我国后，将与当地主要作物（植物）上常见蛾类害虫混合发生。本部分列出了我国南方灯下和玉米、水稻、蔬菜等田间部分常见蛾类害虫成虫与幼虫主要形态特征，便于在开展灯光诱集监测和田间调查工作时鉴定种类参考（表 1 - 2、表 1 - 3，图 1 - 7 ～图 1 - 16 为 10 种灯下常见蛾类害虫成虫形态图，图 1 - 17 ～图 1 - 25 为 9 种常见蛾类害虫幼虫形态图）。这些蛾类形态特征描述主要参考了洪晓月（2017）等的相关文献资料。所列出的害虫种类包括斜纹夜蛾（*Spodoptera litura* Fabricius）、甜菜夜蛾（*Spodoptera exigua* Hübner）、甘蓝夜蛾（*Mamestra brassicae* L.）、银纹夜蛾（*Argyrogramma signata* Fabricius）、黏虫(*Mythimna separata*

Walker）、劳氏黏虫（*Mythimna loreyi* Duponchel）、白脉黏虫
（*Mythimna venalba* Moore）、棉铃虫（*Helicoverpa armigera* Hübner）、
小地老虎（*Agrotis ipsilon* Rottemberg）、亚洲玉米螟（*Ostrinia furnacalis* Güenée）等10种。

表1-2　常见蛾类害虫成虫主要特征比较

种类名称	体长/毫米	翅展宽度/毫米	体色	前翅特征	后翅特征
草地贪夜蛾	15～20	32～40	灰褐色、淡黄褐色	灰褐色，有淡黄色椭圆形的环形斑，肾形斑不明显。环形斑下角有一白色楔形纹，翅外缘有一明显的近三角形白斑。雄蛾特征明显，雌蛾不明显	银白色，有闪光，边缘有窄褐色带
斜纹夜蛾	16～21	37～42	深褐色	黄褐色，具有复杂的黑褐色斑纹。内横线与外横线之间有灰白色宽带，自内横线前缘斜伸至外横线近内缘1/3处，灰白色宽带中有2条褐色线纹	白色，具紫色闪光
甜菜夜蛾	8～14	19～30	深褐色	灰褐色，内横线、外横线和亚外缘线均为灰白色，且个体之间差异较大。外缘线由1列黑色三角形斑组成。前翅中央近前缘外方有肾形斑1个，内方有环形斑1个	灰白色，略带紫色，翅脉及缘线黑褐色

续上表

种类名称	体长/毫米	翅展宽度/毫米	体色	前翅特征	后翅特征
甘蓝夜蛾	10～25	30～50	灰褐色	灰褐色,中央位于前缘附近内侧有一灰黑色环状纹,肾状纹灰白色。外横线、内横线和亚基线黑色,沿外缘有黑点7个,下方有白点2个;前缘近端部有等距离白点3个;亚外缘线色白而细,外方稍带淡黑;缘毛黄色	后翅灰白色,外缘一半黑褐色
银纹夜蛾	12～17	32～35	灰褐色	灰褐色至深褐色,具2条银色横纹,翅中有一显著的"U"形银纹和1个近三角形银斑	暗褐色,有金属光泽
黏虫	17～20	35～45	灰褐色或淡黄褐色	淡黄色至灰褐色。前翅中央近前缘处有2个淡黄色圆斑,外方圆斑下有1个小白点,其两侧各有1个小黑点,顶角具有1条伸向后缘的黑色斜纹	暗褐色,向基部颜色渐淡
劳氏黏虫	14～17	30～36	灰褐色	浅棕色,从基部中央到翅长约2/3处有一暗黑色带状纹,中室下角有一明显小白斑,肾状纹及环状纹均不明显,翅脉明显	后翅灰白色,有浅棕色的脉

种类名称	体长/毫米	翅展宽度/毫米	体色	前翅特征	后翅特征
白脉黏虫	11～13	27～39	黄褐色	黄褐色，翅面具棕色细条纹，中脉主干白色线直达翅基部，白色线条四周具黑暗纹	后翅呈灰白色，向翼尖方向变暗
棉铃虫	14～18	30～38	青灰色或淡灰褐色	青灰色或淡灰褐色。中横线由肾形纹内侧斜至后缘，末端达环形纹的正下方。外横线很斜，末端达肾形纹中部后下方	灰白色，翅脉褐色，沿外缘有黑褐色宽带
小地老虎	21～23	48～50	褐色至灰褐色	棕褐色，前缘区色较黑，翅脉纹黑色；基横线双线黑色，波浪形；内横线双线黑色，波浪形；剑状纹小，暗褐色，黑边；环状纹小，扁圆形，或外端呈尖齿形，暗灰色，黑边；肾状纹暗灰色，黑边，中有一黑曲纹，中部外方有一楔形黑纹伸达外线；中横线黑褐色，波浪形；外横线双线黑色，锯齿形，齿尖在各翅脉上断为黑点；亚端线灰白，锯齿形，在2～4脉间呈深波浪形，内侧在4～6脉间有2条楔形黑纹，内伸至外线，外侧有2个黑点；缘毛褐黄色，有1列暗点	后翅半透明白色，翅脉褐色，前缘、顶角及端线褐色

续上表

种类名称	体长/毫米	翅展宽度/毫米	体色	前翅特征	后翅特征
亚洲玉米螟	13～15	22～34	黄褐色	前翅黄褐色，内横线波浪状，外横线锯齿状，均为暗褐色，内横线与外横线之间有2个深褐色小斑	黄白色

表1-3　常见蛾类害虫幼虫主要特征比较

种类名称	幼虫龄期	老熟幼虫体长/毫米	头部特征	体色	虫体特征
草地贪夜蛾	6	30～36	头青黑色、橙黄色或红棕色，高龄幼虫头部有白色或浅黄色倒"Y"形纹	黄色、绿色、褐色、深棕色、黑色	腹节每节背面有4个长有刚毛的黑色斑点或毛瘤。第八腹节4个斑点呈正方形排列
斜纹夜蛾	6	35～47	头黑褐色，高龄幼虫头部有白色或浅黄色倒"Y"形纹	体色多变，灰绿色、暗绿色、黑褐色等	背线、亚背线和气门下线均为黄色或橙黄色纵线。中胸至第九腹节，每一体节两侧各有1个近三角形黑斑
甜菜夜蛾	5	22～30	头黑色、淡粉色	体色多变，绿色、暗绿色、褐色至黑褐色	背线有或无，各节气门后上方有一明显白点。气门下线为黄白色或绿色纵带，直达腹末

续上表

种类名称	幼虫龄期	老熟幼虫体长/毫米	头部特征	体色	虫体特征
甘蓝夜蛾	6	36～45	头黑色至黄褐色	体色多在黄、褐、灰、绿间变化；老熟幼虫背面黑褐色，腹面淡灰褐色	背线、亚背线为白色点状细线。各节背面中央两侧沿亚背线内侧有黑色条纹，似倒"八"字形。气门线黑色，气门下线为一条白色宽带
银纹夜蛾	5	26～33	头绿色，两侧有黑斑	淡黄绿色	前端较细，后端较粗；第一和第二对腹足退化，行走时体呈屈伸状。背中线两侧具纵行白色细线6条，气门线黑色
黏虫	6	24～40	头棕褐色，高龄幼虫具明显棕黑色"八"字形纹	体色鲜艳，由青绿色至深黑色	背中线白色，边缘有细黑线；背中线两侧有2条红褐色纵条纹，上下镶有灰白色细条；气门近圆形，气门筛黑色有光泽；气门线黄色，上下有白色带纹；腹足外侧有黑褐色斑

种类名称	幼虫龄期	老熟幼虫体长/毫米	头部特征	体色	虫体特征
劳氏黏虫	6	20～28	头黄褐至棕褐色，高龄幼虫具明显棕黑色"八"字形纹，外唇基有一黑褐色斑	体色多变，一般为绿色至黄褐色	具黑白褐等色的纵条纹5条；气门椭圆形，气门筛淡黄褐色，周围黑色
白脉黏虫	5～6	23～30	头黄褐色，具明显褐色"八"字形纹；颅侧区具网状细纹，靠近单眼外侧部分的颜色较深，呈黑褐色，余为浅黄褐色	浅青色至污黄绿色	具背中线和5条深色纵条纹；气门筛浅黄褐色，四周黑色
亚洲玉米螟	6	20～30	头深褐色	体色深浅不一，多为淡褐色或淡红色	体上毛片圆形，明显。中后胸背面每节有毛片4个，腹部一至八节，每节6个，分成2排，前排4个大，后排2个较小

续上表

种类名称	幼虫龄期	老熟幼虫体长/毫米	头部特征	体色	虫体特征
棉铃虫	6	30～45	头黄色，有不规则的黄褐色网状斑纹	体色多变，可分为淡红色、黄白色、淡绿色和绿色	背线 2 条或 4 条，体表布满褐色及灰色长而尖的小刺，腹面有十分明显的黑褐色及黑色小刺
小地老虎	6	37～48	头暗褐色，侧面有黑褐色斑纹	黄褐色至黑褐色	表皮粗糙，密布大小不等黑色小圆突，尤以深色处最明显；背线、亚背线、气门线均黑褐色，不很明显；腹部一至八节背面各有 4 个毛瘤，后 2 个比前 2 个大 1 倍以上；臀板黄褐色，有两条明显深褐色纵带；气门长卵形，黑色

雄虫背面（引自 Egbert Friedrich）

雄虫腹面（引自 Egbert Friedrich）

雌虫背面（引自 Egbert Friedrich）

雌虫腹面（引自 Egbert Friedrich）

雄虫侧面（引自 Ben Sale）

雌虫侧面（引自 Natasha Wright）

图 1 - 7　斜纹夜蛾（*Spodoptera litura* Fabricius）成虫形态图

成虫背面（引自 Lyle J. Buss）

成虫腹面（引自 Alexander Belousov）

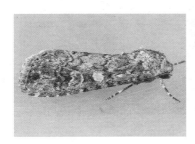

成虫侧面（引自 Mark Dreiling）　　成虫背面（引自 Alexander Belousov）

图 1-8　甜菜夜蛾（*Spodoptera exigua* Hübner）成虫形态图

雄虫背面

（引自 J. Lehto 和 P. Pakkanen）

雄虫腹面

（引自 Egbert Friedrich）

雌虫背面

（引自 J. Lehto 和 P. Pakkanen）

雌虫腹面

（引自 Egbert Friedrich）

雄虫背面

（引自 Heidrun Melzer）

雌虫侧面

（引自 Hartmuth Strutzberg）

图 1-9 甘蓝夜蛾（*Mamestra brassicae* L.）成虫形态图

雄虫背面（引自 Egbert Friedrich）

雄虫腹面（引自 Egbert Friedrich）

成虫侧面（引自 D. Martiré）

图 1 - 10　银纹夜蛾（*Argyrogramma signata* Fabricius）成虫形态图

雄虫背面（引自 Manaaki
Whenua-Landcare Research）

雌虫背面（引自 Manaaki
Whenua-Landcare Research）

雄虫腹面

（引自 Grahame Jackson）

雄虫侧面

（引自 Tony Steer）

雄虫背面
（引自 Graeme Cocks）

雄虫休息状

（引自 https：//www. nbair. res. in/
insectpests/Mythimna-separata. php）

图 1 – 11　黏虫（*Mythimna separata* Walker）成虫形态图

雄虫背面

（引自 Egbert Friedrich）

雄虫腹面

（引自 Egbert Friedrich）

雌虫背面

（引自 Egbert Friedrich）

雌虫腹面

（引自 Egbert Friedrich）

雄虫休息状

（引自 Hartmuth Strutzberg）

雌虫侧面

（引自 Daniel Bolt）

图 1 - 12　劳氏黏虫（*Mythimna loreyi* Duponchel）成虫形态图

雄虫背面
（引自 Egbert Friedrich）

雄虫腹面
（引自 Egbert Friedrich）

雌虫背面
（引自 Egbert Friedrich）

雌虫腹面
（引自 Egbert Friedrich）

图 1 – 13　白脉黏虫（*Mythimna venalba* Moore）成虫形态图

成虫背面
（引自 Egbert Friedrich）

雄虫背面
（引自 iNaturalist）

图 1 – 14　亚洲玉米螟（*Ostrinia furnacalis* Güenée）成虫形态图

雄虫背面

（引自 Egbert Friedrich）

雄虫腹面

（引自 Egbert Friedrich）

雌虫背面

（引自 Egbert Friedrich）

雌虫腹面

（引自 Egbert Friedrich）

雄虫休息状

（引自 Christian Papé）

雌虫休息状

（引自 Frank Stühmer）

图 1 - 15　棉铃虫（*Helicoverpa armigera* Hübner）成虫形态图

雌虫背面（引自 J. C. Schou）

雄虫背面（引自 Josef Dvořák）

雌虫休息状

（引自 Mark Dreiling）

雄虫休息状

（引自 Will Cook）

图 1 – 16　小地老虎（*Agrotis ipsilon* Rottemberg）成虫形态图

（引自 Merle Shepard）

（引自 S. K. Duttamajumder）

图 1 – 17　斜纹夜蛾（*Spodoptera litura* Fabricius）幼虫形态图

（引自 Salvador Vitanza）　　　　　　（引自 J. L. Bundy）

图 1 - 18　甜菜夜蛾（*Spodoptera exigua* Hübner）幼虫形态图

图 1 - 19　甘蓝夜蛾（*Mamestra brassicae* L.）幼虫形态图（引自 Allan Liosi）

图 1 - 20　银纹夜蛾（*Argyrogramma signata* Fabricius）幼虫形态图
（引自 http：//www. chinjuh. mydns. jp）

图 1 - 21　黏虫（*Mythimna separata* Walker）幼虫形态图（陆永跃摄）

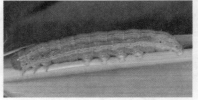

图 1 - 22　劳氏黏虫（*Mythimna loreyi* Duponchel）幼虫形态图
（引自 http：//www. pyrgus. de/）

图 1 - 23　亚洲玉米螟（*Ostrinia furnacalis* Güenée）幼虫形态图（陆永跃摄）

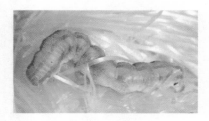

图 1 - 24　棉铃虫（*Helicoverpa armigera* Hübner）幼虫形态图（陆永跃摄）

（引自 Adam Sisson）　　　　　（引自 John Capinera）
图 1 - 25　小地老虎（*Agrotis ipsilon* Rottemberg）幼虫形态图

第二章　地理分布与扩散传播

一、世界地理分布

草地贪夜蛾起源于美洲热带和亚热带地区，广泛分布于美洲大陆（Luginbill，1928）。2016 年之前该害虫仅在西半球发生，2016 年 1 月首次在西非尼日利亚发现（Goergen 等，2016），随后 2 年时间内草地贪夜蛾迅速扩散传播，发生区覆盖撒哈拉以南地区（Nagoshi 等，2018），给非洲粮食生产造成了重创（Stokstad，2017）。2018 年 5 月，印度在卡纳塔克邦首次发现草地贪夜蛾入侵（Sharanabasappa 等，2018），之后该虫迅速扩散蔓延到南亚、东南亚、东亚的多个国家（Guo 等，2018；Ma 等，2019）。2020 年 1 月，澳大利亚昆士兰州位于托雷斯海峡的赛巴伊岛和厄鲁布岛的监测器中诱捕到草地贪夜蛾成虫，2 月在昆士兰州北部的巴马加诱捕到成虫，说明草地贪夜蛾已经扩散到澳大利亚（EPPO Global Database，2020）。目前草地贪夜蛾已广泛分布于南美洲、北美洲、非洲、亚洲，以及欧洲（据报道已根除）、大洋洲局部地区，入侵危害的国家和地区共计 111 个，给全球农业及粮食生产安全构成严重威胁。

截至 2020 年 4 月，世界范围内草地贪夜蛾发生分布的国家和地区情况如下（EPPO Global Database，2020）。

北美洲和拉丁美洲 32 个国家和地区：安圭拉、安提瓜和巴布达、巴哈马、巴巴多斯、伯利兹、百慕大群岛、英属维尔京群岛、加拿大、开曼群岛、哥斯达黎加、古巴、多米尼加、多米尼克、萨尔瓦多、格林纳达、瓜德罗普、危地马拉、海地、洪都拉斯、牙买加、马提尼克、墨西哥、蒙特塞拉特、尼加拉瓜、巴拿马、波多黎各、圣基茨和尼维斯、圣卢西亚、圣文森特和格林纳丁斯、特立尼达和多巴哥、美属维尔京群岛、美国。

南美洲 13 个国家和地区：阿根廷、玻利维亚、巴西、智利、哥伦比亚、厄瓜多尔、法属圭亚那、圭亚那、巴拉圭、秘鲁、苏里南、乌拉圭、委内瑞拉。

非洲 48 个国家和地区：安哥拉、贝宁、博茨瓦纳、布基纳法索、布隆迪、佛得角、喀麦隆、中非、乍得、刚果（金）、刚果（布）、科特迪瓦、埃及、赤道几内亚、厄立特里亚、埃塞俄比亚、加蓬、冈比亚、加纳、几内亚、几内亚比绍、肯尼亚、利比里亚、马达加斯加、马拉维、马里、马约特、莫桑比克、纳米比亚、尼日尔、尼日利亚、留尼汪岛、卢旺达、圣多美和普林西比、塞内加尔、塞舌尔、塞拉利昂、索马里、南非、南苏丹、苏丹、斯威士兰、坦桑尼亚、多哥、乌干达、赞比亚、津巴布韦、毛里塔尼亚。

亚洲 17 个国家：孟加拉国、柬埔寨、中国、印度、印度尼西亚、日本、老挝、马来西亚、缅甸、尼泊尔、巴基斯坦、菲律宾、韩国、斯里兰卡、泰国、越南、也门。

欧洲：德国（据报道已根除）。

大洋洲：澳大利亚（昆士兰州）。

二、 中国地理分布

2019 年 1 月，我国在云南省普洱市江城县宝藏镇水城村首次发现并确认草地贪夜蛾入侵危害（杨学礼等，2019），随后该虫的入侵区域迅速扩大。截至 2019 年 10 月 8 日，草地贪夜蛾已先后入侵云南、广西、广东、贵州、湖南、海南、福建、浙江、江西、湖北、四川、重庆、河南、安徽、江苏、上海、西藏、陕西、山东、甘肃、山西、宁夏、内蒙古、河北、北京、天津等 26 个省（自治区、直辖市、特别行政区），共计 1518 个县（区、市），发生面积为 1620 万亩*；除香港、台湾、澳门尚未列入统计范围外，全国仅青海、新疆、辽宁、吉林、黑龙江等 5 个省级行政区尚未发现（姜玉英等，2019）。截至 2019 年底，草地贪夜蛾入侵我国省区数和县区数如图 2 - 1 所示。

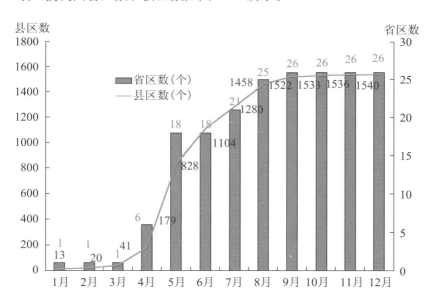

图 2 - 1　2019 年草地贪夜蛾入侵我国省区数和县区数

注：资料引自姜玉英等的相关演示文稿。因统计时间与统计口径的差异，图中部分数据与姜玉英等的参考文献资料中截至 2019 年 10 月 8 日的数据有出入。

———————

* 1 亩 ≈ 666.67 平方米，下同。

三、 扩散传播过程

草地贪夜蛾的传播扩散不仅与频繁的国际商业交往有关，而且与该虫具备较强的远距离迁飞能力密不可分（江幸福等，2019）。由于频繁的国际贸易往来和人员流动，2016 年 1 月草地贪夜蛾随商贸货运入侵非洲的尼日利亚（Cock 等，2017），入侵印度的草地贪夜蛾种群也极有可能是随着进口农产品传入的（Sharanabasappa 等，2018）。草地贪夜蛾通过自然迁飞的方式跨越大西洋，由美洲大陆进入非洲大陆，再横跨印度洋传入南亚次大陆的可能性较小（罗举等，2020），而日益频繁的国际贸易及农产品调运等应是草地贪夜蛾在洲际之间传播扩散的重要手段。

草地贪夜蛾具有远距离迁飞特性，成虫可在几百米的高空中借助风力，经多晚连续飞行，迁飞至数百乃至上千千米外的地区（Rose 等，1975）。草地贪夜蛾没有滞育特性，在美国该虫只能在佛罗里达州和德克萨斯州南部地区安全越冬，春、夏季通过继代迁飞扩散至美国中东部大部分地区为害，甚至可迁飞至加拿大魁北克省和安大略省为害（Westbrook 等，2016）。2016 年 1 月入侵非洲后，草地贪夜蛾通过迁飞迅速扩散蔓延至撒哈拉以南绝大部分国家和地区，2019 年迁飞扩散至埃及等北非国家，该虫甚至有可能季节性地迁飞到欧洲国家为害（江幸福等，2019）。2018 年草地贪夜蛾入侵亚洲，依靠季风从南亚迅速传播至缅甸、泰国等国，2019 年进一步向越南、老挝、柬埔寨、印度尼西亚、马来西亚等东南亚国家扩散蔓延，并随东亚季风由中南半岛经中国向日本、韩国等东亚国家传播（吴秋琳等，2019a；Li 等，2019；Ma 等，2019）。2020 年，草地贪夜蛾继续扩大其入侵范围，已从东南亚的印度尼西亚跨海迁飞至澳大利亚，并首次在西北非的毛里塔尼亚发现入侵。由此可见，远距离迁飞习性是草地贪夜蛾在非洲及亚洲快速蔓延为害的主要原因。

草地贪夜蛾入侵我国后以惊人的速度传播，短短9个月已入侵我国28个省（自治区、直辖市、特别行政区）。从我国各省区首次发现草地贪夜蛾入侵的时间点看，该虫在我国的传播呈现从南向北、从西向东快速扩散态势。2019年1月11日在云南省江城县首次发现草地贪夜蛾幼虫为害后，3月11日在广西宜州区诱集到该虫成虫，4月下旬广东、贵州、湖南、海南等省份相继见虫；5月该虫在我国传播分布范围迅速扩大，新增福建、江西、浙江、湖北、四川、重庆、河南、安徽、上海、江苏、西藏、陕西等12个省份（自治区、直辖市）；6月8日台湾省苗栗县发现该虫幼虫，6月20日山东省郯城县设置的草地贪夜蛾性诱监测装置诱捕到成虫，7月新增甘肃、山西、宁夏等3个省（区）；8月河北省魏县发现幼虫为害，内蒙古、北京市的性诱装置诱捕到成虫，9月20日天津市东丽区的性诱装置监测到成虫。

四、 扩散传播及分布预测预警

草地贪夜蛾是联合国粮农组织（Food and Agriculture Organization of the United Nations，FAO）全球预警的重大迁飞性害虫，2016年以来在非洲、亚洲等数十个国家快速扩张、暴发危害，已引起全世界的广泛关注。为了明确草地贪夜蛾在全球的潜在适生范围和入侵风险，Early等（2018）利用环境变量和草地贪夜蛾的分布数据构建了物种分布模型（SDMs），发现年最低气温和雨季降雨量是影响草地贪夜蛾地理分布的关键气象因素，预测显示草地贪夜蛾入侵南亚和东南亚国家以及澳大利亚等的风险较高。目前草地贪夜蛾已入侵扩散至南亚、东南亚、东亚大部分国家，在澳大利亚也诱集监测到该虫成虫，这进一步验证了该预测模型的准确性。

我国地处典型的东亚迁飞场，该迁飞场包括自中南半岛到东北平原、朝鲜半岛、日本群岛的沿西南向东北走向的广阔地带，地势相对平坦，沿途没有足以阻挡迁飞的天然屏障，春、夏季偏南气流和秋季偏北气流十分典型，为迁飞昆虫远距离季节性迁飞提供了稳定的风温背景场（张志涛，1992）。迁飞轨迹模拟结果显示，我国东半部草地贪夜蛾北迁路径主要分为西线和东线。西线迁飞路径为境外虫源主要从缅甸入侵至我国云南，经贵州、四川、重庆到达陕西、山西等地；东线迁飞路径为境外虫源从越南、老挝进入我国广西、广东，凭借西南季风迁飞至长江流域、江淮地区，最终到达我国华北、东北地区（吴秋琳等，2019b；齐国君等，2019；Li 等，2019；罗举等，2020）。

秦誉嘉等（2019）基于 MaxEnt 模型预测出草地贪夜蛾在我国的潜在地理分布范围，认为草地贪夜蛾在长江以南地区适生性较高，而在长江以北地区适生性相对较低，其在我国的发生北界可能到达辽宁省南部。但是，由于草地贪夜蛾可以借助风力进行远距离迁飞，其发生分布范围可能会比预测的更广。齐国君等根据草地贪夜蛾世界分布区域数据信息，充分考虑迁飞因素，对该虫在我国的潜在危害区和终年繁殖区进行了预测分析。结果表明，该虫在我国东半部潜在危害范围十分广泛，华南、华中、华东、华北大部、东北南部、西南部分地区及西北零星地区均存在其潜在危害区，同时预测结果显示海南、广东南部、广西南部、云南南部、福建南部及台湾等地区为草地贪夜蛾终年繁殖区，这与我国冬季最冷月份平均气温在 10℃ 以上的地区基本吻合。

五、 迁飞与扩张趋势

草地贪夜蛾入侵我国时间较短，但已在多个地区定殖为害，并成为我国又一个"北迁南回、周年循环"的重大迁飞性害虫，呈现出扩展速度快、为害程度重、监测和防控难度大的特点。

越南、老挝、缅甸、泰国等东南亚国家，我国海南、广东、广西、云南、台湾等省区部分地区均存在草地贪夜蛾的终年繁殖区，境外虫源的持续迁入和本地虫源的不断繁殖为草地贪夜蛾持续北迁为害提供了充足的虫源基数。

此外，春、夏季盛行的西南季风环流对草地贪夜蛾在我国的迁飞扩散、大范围暴发成灾十分有利。根据 2019 年 1—7 月玉米型草地贪夜蛾在我国的主要入侵事件的参数，王磊等（2019b）推算该虫在我国的扩散传播速度为 14.03 ～ 14.78 千米/天，依据相关模型预测出我国每年 8 月底至 9 月上旬其在我国的入侵发生区域达到最大，而 9 月上旬该虫在我国入侵危害的玉米和甘蔗的面积可能达到最大，为 8000 万～1 亿亩。

2020 年 2 月，在全国农作物病虫害监测网的调查监测结果基础上，农业农村部组织了专家会议，对草地贪夜蛾发生趋势进行了专题分析，认为相对于 2019 年，2020 年我国草地贪夜蛾将呈现出北迁时间更早、发生区域更广、危害程度更重、防控任务更艰巨等态势（农业农村部，2020）。

第三章　生物学与发生动态

一、发生区域类型

根据草地贪夜蛾越冬能力等生物学信息，结合我国 2019 年草地贪夜蛾发生危害调查研究以及我国气候和寄主作物种植等情况，推测未来我国草地贪夜蛾发生区可划分为周年繁殖区、越冬居留区、周期侵入区，各个区域划分及害虫发生情况如下。

1. 周年繁殖区

可能包括云南南部、广西中南部、广东中南部、海南、福建南部沿海、台湾南部等 1 月份 10～12℃ 等温线以南地区。邻近我国的中南半岛各个草地贪夜蛾发生国家也是周年繁殖区。这些区域的草地贪夜蛾可以周年繁殖和发生为害，将成为我国长江流域、华北、西北、东北等地主要初期入侵虫源。

我国草地贪夜蛾周年繁殖区域应基本上与冬种玉米区域相重合，与 2019 年初相比，2019 年末至 2020 年初发生分布区域范围较广，2020 年初虫源基数明显高于 2019 年初。2019 年 12 月中旬普查结果显示，云南、四川、广西、海南、广东、福建等 6 个省（区）冬种玉米草地贪夜蛾发生面积为 57.6 万亩，其中云南、广东、海南分别占 92.6%、5.6%、1.7%。鲜食玉米上该虫发生危害最为普遍，部分地区虫口数量大，例如云南省临沧市临翔区百株虫量为 182 头，临沧市耿马县、红河哈尼族彝族自治州开远市、西双版纳傣族自治州景洪市、保山市隆阳区百株虫量为 58～98 头，广东省湛江市、茂名市、阳江市、汕尾市等地百株虫量为 40～60 头，海南省万宁市为 40 头，四川省凉山州宁南县为 35

头，广西壮族自治区河池市天峨县、崇左市龙州县、北海市合浦县为 16～25 头。

冬后发生情况如何呢？截至 2020 年 2 月 10 日，全国草地贪夜蛾发生危害面积超过 60 万亩，是 2019 年同期的 90 倍；在邻近我国云南省的老挝该虫已经发生了 112 万亩，虫源基数亦显著大于 2019 年。2020 年 3 月 6 日，全国农业技术推广服务中心发布的病虫情报资料显示，在云南、广东、海南、广西、四川、贵州、福建等 7 个省（区）176 个县（市、区）调查发现草地贪夜蛾幼虫为害，累计发生面积 76 万亩，其中云南、海南、广东等地发生较为普遍，部分地区虫口密度较大。

2020 年 1—3 月，广东省组织开展了草地贪夜蛾冬前、冬后发生为害情况调查，其主要结果显示：（1）广东省冬玉米种植区域均发现草地贪夜蛾幼虫为害；（2）不同地区冬种玉米上该虫发生程度差异较大，湛江市、茂名市、阳江市发生为害较重，平均为害率为 30% 左右，而珠三角地区、粤东地区发生为害较轻，为害率低于 10%；（3）广东省大部分地区冬种玉米田和空闲地均能持续诱捕到成虫（齐国君等，2020）。

从以上虫情调查数据看，2019—2020 年冬季我国南方周年繁殖区草地贪夜蛾发生较为普遍，虫源基数大，并且与境外更大量的虫源叠加，将导致 2020 年及以后各年份我国其他地区该虫发生时间更早、入侵范围更广、危害程度更重的风险很大。

2. 越冬居留区

可能包括 1 月份 10～12℃ 等温线以北至北纬 28°～29° 的地区，北界可能与 1 月份 4℃ 等温线接近，温暖年份可能向北延伸至北纬 30°～31°。本地区该虫春季到秋季发生危害，主要以老熟幼虫或蛹在秋玉米未翻耕田、秸秆等地方越冬，呈局部、较低密度存在。在这个区域进入温暖季节后，草地贪夜蛾虫源主要由南方周年繁殖区及邻近国家迁入，与本地种群混合、繁殖，完成积累后形成次级迁飞源。

3. 周期侵入区

包括北纬 28°～29°以北地区，温暖年份可能在北纬 30°～31°以北地区。在该区域草地贪夜蛾无法越冬，每年虫源来自周年繁殖区和越冬居留区（王磊等，2019a）。按照全国发生、迁飞情况预测的结果显示，每年 3—4 月份草地贪夜蛾从南方主要迁入长江流域，5—6 月份以长江流域虫源为主向黄河流域迁移，6—7 月份迁移到东北、西北，9—10 月份陆续飞行回迁至南方和国外周年繁殖区。

2019 年 4 月下旬至 5 月上旬，草地贪夜蛾由华南地区迁飞至长江中下游及黄淮海地区，但是 2020 年 3 月初该虫已经从南方迁飞到了江西省，3 月 6—7 日到达安徽省和江苏省，3 月 9 日进入黄淮海地区，预计 4 月份最早一批成虫已迁入华北地区，这比 2019 年早了 2 个月。

除了按照以上 3 个类型区域对草地贪夜蛾发生区进行划分外，也可按照草地贪夜蛾发生代数划分区域。根据草地贪夜蛾的发育起点温度和全世代有效积温推算，草地贪夜蛾在北纬 27°以南大部分地区可发生 6～8 代，北纬 27°～33°之间地区可发生 5～6 代，北纬 33°～36°之间地区可发生 4～5 代，北纬 36°～39°之间地区可发生 3～4 代，北纬 39°以北地区可发生 2～3 代（王磊等，2019a）。在气候变化较大的条件下同一个地区发生代数可能差异较大，例如对云南的相关研究表明，滇中、滇西、滇南、滇东南、滇西南、滇东北、滇西北草地贪夜蛾年发生世代分别为 2.18～8.59 代、2.28～10.15 代、3.43～12.13 代、3.15～8.46 代、2.75～

9.39 代、1.38～6.87 代、1.11～6.72 代（张红梅等，2020）。

二、 迁飞能力

草地贪夜蛾飞行能力强，迁移扩散速度快，可通过远距离飞行进行快速、大范围扩散蔓延。该虫成虫飞到几百米高空后借助风力进行远距离迁飞，每晚飞行距离约为 100 千米；羽化后至性成熟前成虫可迁飞约 500 千米，在风力、风向适宜的条件下迁飞距离会更长。该虫迁飞最远距离和最快速度的纪录是在 30 小时内从美国密西西比州迁飞到加拿大南部（总距离 1600 千米，平均速度 53.3 千米/小时）。室内试验显示，3 日龄成虫飞行速度为 2.69 千米/小时，日飞行距离为 29.2 千米（葛世帅等，2019）。在 16～32℃范围内草地贪夜蛾的飞行距离不受温度影响（谢殿杰等，2019b）。对草地贪夜蛾野外扩散情况的调查发现，该虫在野外的扩散传播速度为 14.03～14.78 千米/天（王磊等，2019b）。

草地贪夜蛾无滞育越冬特性，其在我国周年繁殖区主要在 1 月份 10℃等温线以南区域，包括海南、广东、广西、云南、福建、贵州、四川、台湾等省（区）在内的热带、南亚热带地区，玉米、小麦、甘蔗、马铃薯、烟草和各种蔬菜都可能成为该虫在冬季取食为害的寄主。在国外，邻近我国的草地贪夜蛾周年繁殖区范围广泛，包括缅甸、老挝、越南、泰国、柬埔寨、孟加拉国、马来西亚等多个南亚、东南亚国家。因此，我国草地贪夜蛾的初次迁飞虫源主要来自华南周年繁殖区的繁衍种群和境外迁入种群。受到季风影响，草地贪夜蛾主要向东北方向迁移，在 6—7 月份东部西南季风最强时期草地贪夜蛾连续迁飞 3 个夜晚应可以到达黄河以北至内蒙古与东北南部的广大区域（吴秋琳等，2019a）。

三、 生长发育历期

草地贪夜蛾发育历程分为卵、幼虫、蛹、成虫等 4 个虫期。

该虫卵、幼虫、蛹、成虫和世代发育起点温度分别为 12.70℃、11.11℃、11.01℃、5.65℃和9.21℃，有效积温分别为 39.40日·度、201.25日·度、134.12日·度、171.06日·度和 636.53日·度；在20～35℃温度条件下草地贪夜蛾完成一个世代历期为23.0～48.3天，但是在35℃时卵孵化率、蛹存活率均较低，成虫不能产卵，15℃时卵孵化率低，幼虫基本不能存活，不能完成世代；11℃和13℃恒温条件下卵不能孵化（张红梅等，2020）。何莉梅等（2019）报道卵、幼虫、蛹和卵到蛹的发育起点温度分别为10.27℃、11.10℃、11.92℃和11.34℃，有效积温分别为 44.57日·度、211.93日·度、135.69日·度和390.55日·度；20～30℃为种群生长发育的适宜温度，成虫繁殖最适温度为20～25℃。综合多个研究结果认为，草地贪夜蛾适宜世代生长发育温度为18～33℃，最适宜发育温度为25～30℃（表3-1、表3-2）。

表3-1　不同温度下草地贪夜蛾各虫期发育历期（何莉梅等，2019）

发育阶段		发育历期/天				
		15℃	20℃	25℃	30℃	35℃
卵		8.37 ± 0.04	5.00 ± 0.00	3.00 ± 0.00	2.00 ± 0.00	2.00 ± 0.00
幼虫	1龄	8.87 ± 0.06	4.15 ± 0.03	3.00 ± 0.00	2.00 ± 0.01	2.04 ± 0.02
	2龄	5.86 ± 0.08	3.32 ± 0.03	1.99 ± 0.00	1.00 ± 0.00	1.01 ± 0.01
	3龄	5.76 ± 0.06	3.16 ± 0.04	1.99 ± 0.01	1.26 ± 0.04	1.05 ± 0.02
	4龄	6.03 ± 0.09	3.17 ± 0.03	1.14 ± 0.02	1.22 ± 0.04	1.01 ± 0.01
	5龄	8.37 ± 0.23	4.10 ± 0.04	1.54 ± 0.04	1.44 ± 0.04	1.43 ± 0.06
	6龄	19.35 ± 0.42	7.83 ± 0.09	4.32 ± 0.04	3.52 ± 0.06	3.05 ± 0.08
	7龄	14.38 ± 2.18	5.25 ± 0.82	—	—	—
	6～7龄	20.37 ± 0.24	8.04 ± 0.11	—	—	—
	幼虫期	55.26 ± 0.32	25.95 ± 0.15	14.01 ± 0.07	10.48 ± 0.06	9.58 ± 0.09

续上表

发育阶段	发育历期/天				
	15℃	20℃	25℃	30℃	35℃
蛹	43.00±1.18	18.08±0.12	9.87±0.07	6.76±0.05	6.48±0.08
卵－蛹	105.11±0.96	49.03±0.18	26.88±0.10	19.24±0.06	17.90±0.10
成虫	4.44±1.97	21.56±0.47	13.12±0.36	11.77±0.37	11.21±0.41
世代	109.55±1.59	70.59±0.51	40.00±0.38	31.01±0.37	27.80±0.61

表 3－2　草地贪夜蛾各虫期发育起点温度和有效积温（何莉梅等，2019）

发育阶段		发育起点温度/℃			有效积温/(日·度)		
		♀	♂	♀＋♂	♀	♂	♀＋♂
卵		10.26±2.25	10.27±2.24	10.27±2.25	44.58±6.16	44.55±6.15	44.57±6.16
幼虫	1龄	9.44±2.30	9.54±2.68	9.48±2.49	46.01±6.24	46.42±7.38	46.25±6.79
	2龄	13.33±1.94	13.38±2.04	13.35±1.99	19.58±2.62	19.72±2.80	19.66±2.71
	3龄	11.65±0.80	11.86±0.94	11.75±0.88	24.38±1.23	23.99±1.44	24.20±1.33
	4龄	12.44±2.82	12.26±2.47	12.34±2.65	20.04±3.68	20.03±3.17	20.05±3.43
	5龄	12.42±2.74	12.48±3.52	12.42±3.11	25.66±4.76	26.44±6.41	26.68±5.54
	6龄	11.16±0.74	10.82±1.39	10.92±1.03	65.82±2.78	71.48±5.41	68.88±3.96
	6龄/6～7龄	11.28±0.74	11.26±1.40	11.18±1.05	65.40±2.82	69.93±5.44	67.98±4.02
	幼虫期	11.12±0.58	11.14±0.84	11.10±0.70	208.86±2.10	214.63±3.05	211.93±2.55
蛹		11.84±1.16	12.20±0.58	11.92±0.85	130.35±4.54	138.81±2.26	135.69±3.30
卵－蛹		11.29±0.72	11.38±0.69	11.34±0.70	382.51±2.42	399.34±2.34	390.55±2.36
产卵前期		24.48±4.78	—	—	22.36±16.39	—	—
产卵历期		12.81±2.19	—	—	62.23±6.66	—	—
成虫		5.48±2.16	5.58±1.09	4.76±1.64	303.16±6.56	286.77±3.36	306.45±5.01
世代(15～35℃)		9.10±0.63	9.20±0.71	9.16±0.64	673.78±2.04	689.00±2.30	680.02±2.06
世代(20～35℃)		9.57±0.85	10.19±0.93	9.87±0.85	658.50±2.28	656.33±2.49	656.78±2.27

1. 卵

夏季草地贪夜蛾卵的历期一般为 2 ～3 天（温度 25℃以上），春秋季 4 ～6 天（温度 18 ～23℃），周年繁殖区冬季 7 ～10 天（温度 12 ～17℃）（图 3 – 1）。

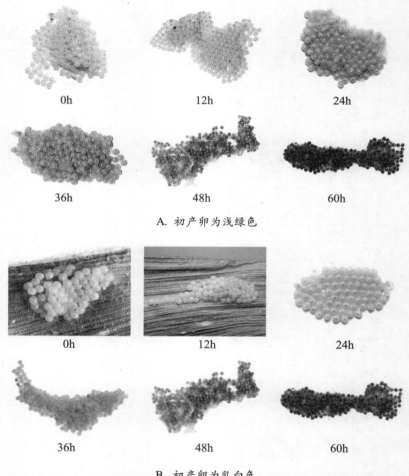

0h　　　　　　12h　　　　　　24h

36h　　　　　　48h　　　　　　60h

A. 初产卵为浅绿色

0h　　　　　　12h　　　　　　24h

36h　　　　　　48h　　　　　　60h

B. 初产卵为乳白色

图 3 – 1　草地贪夜蛾卵发育过程中的颜色变化（温度：26 ～28℃）（陆永跃摄）

2. 幼虫

26℃时使用玉米饲养条件下，草地贪夜蛾幼虫 1～2 龄历期为 4.1 天，3 龄、4 龄、5 龄、6 龄历期分别为 1.4 天、1.5 天、2.3 天、2.3 天（李子园等，2019）。当平均温度降为 16℃左右时，1～5 龄幼虫发育历期分别为 13.0 天、16.8 天、18.2 天、18.3 天和 13.0 天（谢明惠等，2020）。草地贪夜蛾不耐寒冷，当田间平均温度高于 12℃时幼虫可以继续取食为害，但当日均气温低于 10℃且持续 8～10 天时幼虫不能存活（谢明惠等，2020）。

3. 预蛹

老熟幼虫从寄主植物上落到地面，通常会在浅层土壤（通常深度为 2～8 厘米）做一个蛹室。蛹室深度受到土壤质地、湿度、温度等影响。如果土壤干燥、硬度高，幼虫可能会吐丝粘缀地面的枯叶、土粒等，形成蛹茧。蛹室（茧）为椭圆形或卵形，长 2～3 厘米。老熟幼虫亦可在寄主植物上作蛹室（例如玉米穗等），并在其中预蛹、化蛹。26℃下草地贪夜蛾雌虫预蛹期为 1.7天，雄虫的为 1.6 天（李子园等，2019）。

4. 蛹（图 3-2）

在 26℃条件下，雌虫蛹历期为 8.0 天，雄虫蛹为 8.9 天（李子园等，2019）。在较冷的季节，蛹期可长达 20～30天，最长可达 40 多天（Prasanna 等，2018）。蛹的过冷却点为 -17℃左右。

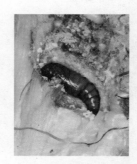

土茧中蛹 　　　　　土茧 　　　　　玉米果穗中化蛹

图 3 - 2　草地贪夜蛾蛹（引自 Diedrich Visser）

5. 成虫

以人工饲料饲养的草地贪夜蛾种群，雌成虫羽化后第 5 天开始出现死亡，至羽化后第 20 天全部死亡；雌虫平均寿命为 12.0天，雄虫为 12.2 天；雌虫产卵前期平均为 4.6 天，产卵高峰期为羽化后第 5～7 天（李子园等，2019）。

四、 习性和行为

1. 幼虫习性

草地贪夜蛾幼虫初孵时群集取食，2 龄后开始分散为害，3龄以后幼虫开始出现自相残杀行为，5 龄时自相残杀程度最强（图 3 - 3）。幼虫喜好取食幼嫩和含糖量高的植物器官，常潜藏于心叶、雌穗、雄穗、果实或者地表土壤中，傍晚到晚上或者阴天外出活动、迁移，种群数量大时高龄幼虫聚集成群如行军状迁移扩散。在食物充足的情况下草地贪夜蛾幼虫仍会发生自相残杀，尤其是在较高的饲养密度下（王道通等，2020）。

图 3 - 3　草地贪夜蛾高龄幼虫取食同类
（引自 Frank Peairs，https：//www. cabi. org/isc/datasheet/29810）

草地贪夜蛾幼虫在玉米田呈聚集分布，聚集度随密度的增加而升高，环境是导致幼虫聚集分布的主要因素（孙小旭等，2019）。

2. 成虫习性

草地贪夜蛾成虫具较强趋光性（图 3 - 4），飞行能力强，白

图 3 - 4　高空测报灯（左）及飞来的草地贪夜蛾成虫（右）（李慎磊摄）

天躲藏于地面的植物残枝枯叶、玉米心叶、叶腋或其他隐蔽处，多在夜间进行迁飞、交配和产卵，在温暖、潮湿夜晚最为活跃。草地贪夜蛾成虫躲藏与取食行为如图 3-5 所示。

雌虫躲藏于玉米叶腋中　　　　雄虫取食破损小麦的流出液
（陆永跃摄）　　　　　　　　（引自 Ken Childs）

图 3-5　草地贪夜蛾成虫躲藏与取食

雌虫羽化后取食花蜜、水果汁液等补充营养，待性成熟后停留于植物表面，释放性外信息素，引诱雄虫前来交配，一般会有多头雄虫赶来赴会。一般交配活动从 21：00 开始，3/4 以上发生在 22：00～03：00；大多数交配时间（抱对）可持续 45 分钟以上，平均为 130 分钟。雌、雄成虫均可多次交配，雌虫平均交配 3.7 次（0～11 次），雄虫平均交配 6.7 次（0～15 次）。

雄虫交配行为大多数发生在羽化后的前三个晚上，其交配发生率随着日龄的增长而逐渐下降。温度明显影响着雄虫的交配能力，25～30℃时交配次数最多，20℃以下交配次数显著减少，10～15℃时很少交配。雄虫内生殖系统结构如图 3-6 所示。

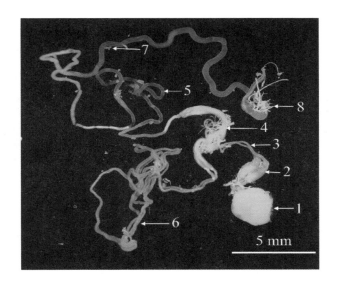

图 3 - 6 草地贪夜蛾雄虫内生殖系统结构（和伟等，2019）

1—精巢；2—贮精囊；3—输精管；4—双射精管；5—单射精管；

6—附腺；7—脂肪粒；8—阳茎

雌虫繁殖能力强，产卵前期为 3 ～ 4 天，可多次产卵。1 头雌虫一生产卵量一般为 800 ～ 1000 粒，营养好的条件下可产 2300 多粒，可产卵块 6 ～ 10 个。其产卵时间主要集中在 20：00 ～ 05：00，卵块通常产在叶片上，产卵期为 5.0 天。以人工饲料饲养的草地贪夜蛾平均单雌累计产卵量 845.9 粒（李子园等，2019）。以玉米鲜嫩叶饲养的雌虫在不同温度下产卵量不同，最适温度下单雌产卵量在 800 ～ 1400 粒（谢殿杰等，2019a）。综合已有研究结果看，雌虫在 24 ～ 29℃ 条件下产卵量最高。草地贪夜蛾卵巢的发育级别划分及交配囊形态如图 3 - 7 所示。

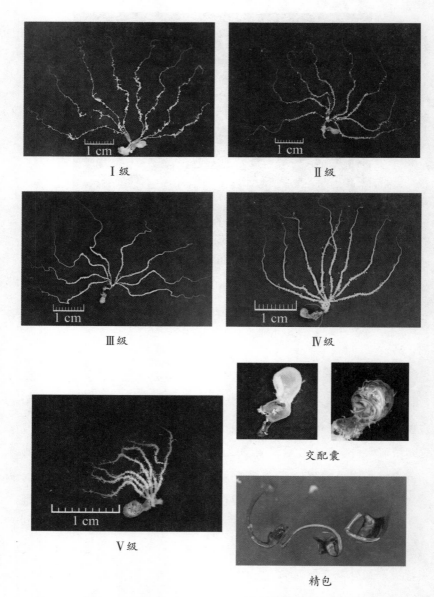

图 3 - 7　草地贪夜蛾卵巢的发育级别划分及交配囊形态（赵胜园等，2019b）

　　补充营养对成虫的寿命及生殖力均有较为明显的影响，适当地补充营养能显著提高产卵期、寿命、产卵量和卵孵化率。与仅吸食蒸馏水相比（雌虫 7.3 天，雄虫 6.2 天），取食 10% 蜂蜜水的草地贪夜蛾成虫寿命显著延长（雌虫 11.3 天，雄虫 8.8 天）；同样，取食 10% 蜂蜜水后单雌产卵量显著增大，达 983 粒，而取食蒸馏水的仅为 576 粒（房敏等，2020）。

五、 寄主范围及寄主型分化

　　草地贪夜蛾是一种多食性害虫，已经记录到的寄主为 76 科 353 种，嗜好禾本科植物，也为害十字花科、葫芦科、锦葵科、豆科、茄科、菊科等植物（图 3 - 8）。常见寄主包括玉米、高粱、小麦、大麦、荞麦、燕麦、青稞、粟、糜子、水稻、大豆、花生、棉花、甜菜、甘蔗、烟草、竹芋、梯牧草、四叶草、黑麦草、苏丹草、苜蓿、马唐、狗牙根、剪股颖属、马唐属、石茅、牵牛属、莎草属、苋属、刺苞草等，随着入侵发生范围不断扩大，实际寄主种类范围在不断扩大（https：//www. cabi. org/ISC/ datasheet/29810；赵雪晴等，2020；杨现明等，2020；任学祥等，2020；周上朝等，2020；何莉梅等，2020）。

为害大麦（杨现明等，2020）

为害糜子（赵雪晴等，2020）

为害冬粉薯（周上朝等，2019）　　　　为害花生（钟景伟摄）

图 3 – 8　草地贪夜蛾为害植物

该虫还可为害苹果、葡萄、柑橘、木瓜、桃子、草莓以及一些花卉（菊花、康乃馨、天竺葵、海棠）等，可能还会为害茶树（孙晓玲等，2020）。

根据对寄主的取食偏好和发育特性，可将草地贪夜蛾分为"玉米型"和"水稻型"。"玉米型"偏好玉米、高粱和棉花等，"水稻型"偏好水稻、狗牙根和石茅等。"玉米型"和"水稻型"草地贪夜蛾虽然形态特征基本一致，但是在性信息素、寄主植物偏好、取食不同寄主后生长发育等方面有较大差异。目前确认入侵我国的草地贪夜蛾均为"玉米型"（杂合有"水稻型"的基因），尚未有发现"水稻型"入侵的报道（张磊等，2019）。

六、　为害特征与规律

1～3 龄幼虫多隐藏在玉米心叶、叶鞘等部位取食，形成半透明薄膜"窗孔"。4～6 龄幼虫对玉米的为害更为严重，取食叶片后形成不规则的长形孔洞，造成叶片破烂状，甚至将整株玉米叶片食光，严重时可造成玉米生长点死亡、植株折伏，影响叶片和果穗的正常发育。此外，高龄幼虫还会钻蛀未抽出的玉米雄穗及幼嫩雌穗，或者直接取食玉米雄穗、花丝和果穗等，严重威胁玉米的产量和质量。有时幼虫会切断作物种苗和幼小植株的茎，也可取食番茄等植物花蕾和生长点，并钻入果实为害。4～6龄幼虫暴食为害，取食量占整个幼虫期取食量的80%以上，为害部位常见大量排泄的粪便。草地贪夜蛾对玉米的为害状如图3-9所示。

花叶（陆永跃摄）

窗孔（陆永跃摄）

孔洞和破烂状（陆永跃摄）

玉米植株破坏状（陆永跃摄）

取食雄穗（齐国君摄）　　　蛀食成熟玉米（齐国君摄）

图 3-9　草地贪夜蛾对玉米的为害状

七、　发生动态规律

2019 年冬季草地贪夜蛾已经在我国热带和亚热带地区南部定殖繁殖，因此推测 2020 年草地贪夜蛾春季向长江流域迁飞的时间会比 2019 年提前一代。

在加纳（北纬 36°）使用性诱剂对草地贪夜蛾发生情况的调查显示，7 月份诱蛾数量开始大量增加，8 月份蛾子数量达到顶峰，随后逐步下降（Nboyine 等，2020）。在美国新墨西哥州（北纬 37°）的调查显示，草地贪夜蛾成虫的高峰出现在 7 月底至 8 月初（Djaman 等，2019）。在美国佛罗里达州（北纬 26°）的调查发现，草地贪夜蛾玉米型成虫主要发生在春秋两季（Meagher 和 Nagoshi，2004；Nagoshi 和 Meagher，2004）。

2019 年我国各地草地贪夜蛾灯诱结果表明，广西、湖南、湖北、河南、陕西、山西、宁夏、天津等 8 个省（区、市）14 个高空测报灯下，6 月份始陆续见蛾，8—10 月份多数灯下出现明显蛾峰；湖北、河南、天津等 3 省（市）8 个常规测报灯下 7—10

月份见蛾，9 月下旬和 10 月上旬出现蛾峰（姜玉英等，2020）（图 3 – 10）。

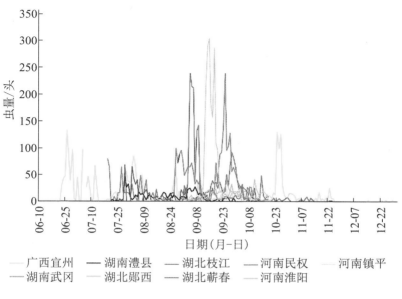

图 3 – 10　2019 年中国各观测点高空测报灯草地贪夜蛾逐日诱蛾量

（姜玉英等，2020）

结合草地贪夜蛾在我国发生区的划分、其寄主生长季节以及我国 2019 年的草地贪夜蛾高空测报灯监测数据，并参考加纳和美国的草地贪夜蛾种群发生动态调查数据（Nboyine 等，2020；Djaman 等，2019；Meagher 和 Nagoshi，2004；Nagoshi 和 Meagher，2004；姜玉英等，2020），笔者推测在我国的常年发生危害区（1 月份 10～12℃等温线以南地区）草地贪夜蛾成虫发生的高峰期可能出现在春季、夏初及秋季；在周期侵入区（北纬 28°～29° 以北地区）草地贪夜蛾成虫发生的高峰期会出现在夏季的 7—8 月份。

第四章 调查监测与预报

一、 调查与监测内容

科学开展调查监测、明确虫情是做好草地贪夜蛾预测预报与防控的前提和基础。草地贪夜蛾的调查监测技术分为成虫诱集和田间调查。成虫诱集的方法包括黑光灯或者普通灯光、高空测报灯、雷达监测、性信息素等。调查监测内容包括草地贪夜蛾发生量（卵、幼虫、蛹数量）、危害程度、成虫数量、来源、性比及其动态等。调查监测不仅可以探明草地贪夜蛾发生分布区域，而且为草地贪夜蛾发生期、发生程度、传播扩散等预测及其防治提供科学依据（刘杰等，2019；冼继东等，2019；Prasanna 等，2018）。本章内容主要参照农业农村部 2019 年颁布的《草地贪夜蛾测报调查规范（试行)》和冼继东等（2019）、刘杰等（2019）提出的草地贪夜蛾调查监测方法编写，并做适当修改。

二、 灯光诱集法

草地贪夜蛾成虫具有较强的趋光性，因此可采用灯光诱集的方法对草地贪夜蛾进行监测。常见的灯光诱集监测方法有高空测报灯和黑光灯/普通灯。

1. 高空测报灯

高空测报灯光柱可高达几百米，能有效诱集地面以上至少800 米以内的趋光性昆虫。相比黑光灯、性诱剂、食物诱剂等传统害虫诱测方法，其诱集范围更广、效果更高，较适合用于远距离迁飞、大区域发生的害虫区域发生动态测报，并为该害虫中长期预测预报提供依据（姜玉英等，2016）。使用高空测报灯监测草地贪夜蛾的方法如下。

在当地地理中心附近设置监测点，每个地市级行政区域设置1个以上，如每个县级行政区域能设置1个则更好。每个点设置1台强光灯（图4-1A），功率1000瓦以上，以设于楼顶、高台、高地、山顶等较高和开阔处较好，周围1千米内无建筑物遮挡、无大功率照明光源。及时更换损坏的设备及灯管。华南地区全年开灯，华南地区以北至长江以南地区3—11月份开灯，长江以北地区4—10月份开灯。逐日记载雌虫、雄虫数量，单日诱虫量出现突增至突减之间的日期记为成虫盛发期。

当单灯单日诱集到草地贪夜蛾雌虫数量超过10头时，或者多盏灯（2～3盏/地市）单日雌虫数量累计超过20头时，应解剖雌虫，记录卵巢发育级别和交配情况。一般单日解剖20～30头及以上，将相关数据填入表4-1中。草地贪夜蛾雌虫卵巢发育级别划分参考本章"四、卵巢解剖"部分。

A. 高空测报灯　　　　　　　　B. 黑光灯

图4-1　草地贪夜蛾灯光诱集装置（王源泽摄）

表4－1　高空测报灯、黑光灯/普通灯下草地贪夜蛾成虫数量记录表

日期		高空测报灯			黑光灯/普通灯			雌蛾生殖情况					备注（气候、人为、设备等）
月	日	雌蛾	雄蛾	合计	雌蛾	雄蛾	合计	解剖蛾量	交配蛾量	卵巢发育进度			
										1	2	3	
										4	5		
										1	2	3	
										4	5		

2. 黑光灯/普通灯

以黑光灯作为光源的测报灯主要用于开展草地贪夜蛾成虫田间发生动态的常规监测。使用黑光灯监测草地贪夜蛾的方法如下。

在当地适宜成虫发生的场所或主要寄主作物种植区域设置黑光灯诱集监测点，每个县级行政区域设置3个及以上监测点，每个监测点应在玉米等主要寄主作物田设置1台黑光灯作为测报灯（图4－1B）。将灯架设于空旷处，灯管与地面距离为1.5米，周围100米内高大无建筑物遮挡，且远离大功率照明光源。及时更换损坏的设备，灯管使用1年后及时更换。华南地区全年开灯，华南地区以北至长江以南地区3—11月份开灯，长江以北地区4—10月份开灯。逐日记载雌虫、雄虫数量，当诱集到草地贪夜蛾成虫数量较多时（数量要求参照高空测报灯部分内容），应选取20～30头及以上雌虫，解剖、记录卵巢发育级别，将相关数

据填入表 4-1 中。

三、 性信息素诱集法

性信息素诱集法是指使用雌虫释放的性信息素来诱捕雄虫的方法。此法可应用于玉米等寄主作物生长期草地贪夜蛾雄虫发生动态的田间系统监测。使用性信息素诱集法监测草地贪夜蛾的方法如下。

在当地主要寄主作物生长期设置监测点，或者在高空测报灯、黑光灯下成虫始见期开始设置。每个县区设置 5 个点及以上，每个点设置 3 个诱捕器，呈三角形排列，诱捕器间距在 50 米以上，诱捕器底部与植株顶部间距保持超过 20～30 厘米，距田边 5 米以上。可使用蛾类通用诱捕器（图 4-2A）、桶型诱捕器（图 4-2B）、倒置漏斗式干式诱捕器（图 4-2C）和船型诱捕器（图 4-2D）或者自动监测收集装置。

A. 蛾类通用诱捕器

B. 桶型诱捕器

C. 倒置漏斗式干式诱捕器   D. 船型诱捕器

图4-2   草地贪夜蛾监测常用性信息素诱捕器（李慎磊摄）

　　以草地贪夜蛾性信息素桶型诱捕器使用为例，首先将含性信息素的诱芯置于诱捕器的诱芯小容器内（图4-3A），然后将诱捕器固定于一根长2～3米的长竿上，随后将诱捕器放置在玉米等寄主作物的田中或田边（图4-3B），诱捕器距离地面高度1米左右。当玉米植株较高时，适时移动诱捕器在长杆上的位置，使得始终保持诱捕器的底部与玉米植株顶部之间的间距超过20～30厘米。同时诱捕器尽量垂直放置，以避免雨水进入。诱芯每30天更换1次。每天上午检查记录1次诱捕器内成虫数量，如诱集到其他蛾类，也要记录诱集数量，将相关监测数据填入表4-2中。

诱芯帽
诱芯
诱芯小容器
遮雨盖
导向漏斗
诱虫桶

A（FAO，2019）

B（李慎磊摄）

图 4-3　桶型诱捕器结构图（A）及野外放置示意图（B）

表 4-2　性信息素诱捕器中草地贪夜蛾成虫数量记录表

日期		作物种类	田块号	作物生育期	诱捕器号	雄蛾量/头	其他害虫	备注（气候、人为、设备等）
月	日							

四、卵巢解剖

　　草地贪夜蛾是一种迁飞性害虫，因此同一地区不同世代的虫口高峰会有迁入、迁出和本地种群的区别。只有明确不同虫口高峰的虫源性质，才能对监测区草地贪夜蛾的发生趋势和防治适期做出准确的预测，而雌虫卵巢发育进度是常用的判别迁飞性害虫虫源性质的重要依据之一。在草地贪夜蛾成虫盛发期，从测报灯捕获的成虫中取雌蛾，解剖检查卵巢发育级别和交尾情况。卵巢解剖技术可参考孟正平（2007）的相关文献资料。

草地贪夜蛾卵巢发育可分成 5 个级别：乳白透明期（Ⅰ级）、卵黄沉积期（Ⅱ级）、成熟待产期（Ⅲ级）、产卵盛期（Ⅳ级）及产卵末期（Ⅴ级）（图 4 - 4）。草地贪夜蛾卵巢 5 个发育级别成虫对应的平均日龄为，乳白透明期（Ⅰ级）多为羽化后 1～2 天成虫，平均日龄为 1.22 天；卵黄沉积期（Ⅱ级）多为羽化后 2～3 天成虫，平均日龄为 2.24 天；成熟待产期（Ⅲ级）多为羽化后 3～5 天成虫，平均日龄为 4.26 天；产卵盛期（Ⅳ级）多为羽化后 5～7 天成虫，平均日龄为 6.68 天；产卵末期（Ⅴ级）多为羽化后 7～10 天成虫，平均日龄为 9.08 天。根据田间成虫卵巢不同发育级别所占比例可预测下一代幼虫发生期，雌蛾卵巢发育级别也可应用于预测草地贪夜蛾的繁殖潜力、种群性质和迁飞动向等。如田间大多数成虫卵巢发育级别较低（Ⅰ～Ⅱ级）且持续时间较长，表明该虫外迁可能性大；如发育级别较高（Ⅲ～Ⅴ级），则表明会留宿当地为害，应及时发出预报并注意下一代幼虫的防控。草地贪夜蛾卵巢 5 个发育级别特征见表 4 - 3。

乳白透明期（D1～D2）　　　　　　　卵黄沉积期（D2～D3）

成熟待产期（D3～D5）　　产卵盛期（D5～D7）　　产卵末期（D7～D10）

图 4 – 4　草地贪夜蛾雌虫卵巢分级图

（引自郭慧芳相关专题报告）

注：乳白透明期为Ⅰ级，卵黄沉积期为Ⅱ级，成熟待产期为Ⅲ级，产卵盛期为Ⅳ级，产卵末期为Ⅴ级。"D1～D2"表示羽化后 1～2 天，其余类同。

表 4 – 3　草地贪夜蛾卵巢 5 个发育级别特征（赵胜园等，2019b）

级别	发育时期	腹腔颜色	卵巢管特征	脂肪体特征	交配囊特征	羽化后日龄
Ⅰ	乳白透明期	乳白色	卵巢管乳白色，长 20～50 毫米，平均 42.12 毫米，宽 200～300 微米，平均 272.21 微米；卵粒肉眼不可辨别	脂肪体乳白色，形状不规则，多呈球形、椭球形、棍棒形，密布腹腔内，并附着于卵巢管壁	交配囊乳白色，囊腔干瘪，未交配	1～2天
Ⅱ	卵黄沉积期	乳白色	卵巢管乳白色，长 40～60 毫米，平均 45.55 毫米，宽 200～400 微米，平均 329.40 微米；卵粒清晰可辨，淡黄色，靠近总输卵管处有部分成熟卵粒	脂肪体乳白色，多呈葡萄串形，密布腹腔内，因已有部分代谢而呈一定程度萎缩，分枝发达，附着于卵巢管壁	交配囊乳白色，囊腔干瘪，大部分未交配	2～3天

续上表

级别	发育时期	腹腔颜色	卵巢管特征	脂肪体特征	交配囊特征	羽化后日龄
Ⅲ	成熟待产期	黄白色	卵巢管黄绿色，长 45～80 毫米，平均 61.75 毫米，宽 400～600 微米，平均 490.16 微米；卵粒饱满、黄绿色，大部分已成熟，呈念珠状，排列紧密	脂肪体米黄色，密度显著降低，部分已经干瘪，分枝发达，附着于卵巢管壁	交配囊颜色变深，至淡褐色，囊腔膨大，多已交配 1～2 次，顶部干瘪，球形	3～5天
Ⅳ	产卵盛期	淡黄色	卵巢管黄绿色，长 35～75 毫米，平均 48.88 毫米，宽 400～700 微米，平均 567.55 微米；卵粒饱满、黄绿色，已有部分成熟卵粒排出，排列稀疏，在中输卵管还存有待产卵粒	脂肪体白色，大部分脂肪粒因代谢而萎缩，仅剩丝状分枝	交配囊囊腔显著膨大，多已交配 2～3 次	5～7天
Ⅴ	产卵末期	淡白色	卵巢管淡白色，长 10～30 毫米，平均 19.45 毫米，宽 200～600 微米，平均 462.42 微米，显著萎缩；绝大部分卵粒已排出，仅剩少量遗卵	几乎无脂肪粒，仅剩少量丝状分枝残存体腔或附着于卵巢管壁	交配囊囊腔显著膨大，多已交配 2～4 次	7～10天

五、 田间调查

草地贪夜蛾田间调查工作主要是调查草地贪夜蛾卵、幼虫和蛹的空间分布、发生数量、危害程度等，并根据当地温度估算各虫态发育进度，预测草地贪夜蛾发生期和发生程度。

1. 取样方法

采用 5 点取样，每点查 10 株，田间每点取样方法见图 4 – 5，每点间隔距离视田块大小而定。

图 4 – 5　草地贪夜蛾卵、幼虫田间取样方法

（Food and Agriculture Organization，2018）

还可以根据玉米不同生育期采取不同的取样方式。在苗期至大喇叭口期（12 片成熟叶之前）可采用 "W" 形取样方式（图 4 – 6A）；在玉米雄穗抽出至灌浆期，则可采用 "山"字形取样方式（图 4 – 6B）。取 5 个点，每个点查 10 株玉米，共查 50 株。

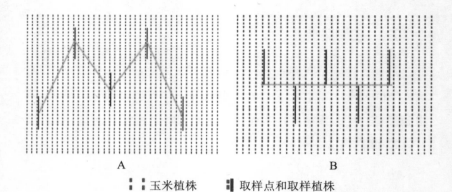

图4-6 玉米不同生育期草地贪夜蛾田间调查取样方式示意图

2. 卵

1）普查

卵的普查在成虫高峰后进行，夏季是在高峰期后4～5天，春、秋季是在高峰期后7～9天。选择当地寄主作物主要种植区域，每个区域选择不同类型田块。将相关数据填入表4-4中。

表4-4 草地贪夜蛾田间虫情调查记录表

日期		作物	田块号	生育期	取样面积（m²）	总卵块数（块）	卵块密度（块/百株）	幼虫总数（头）	各龄幼虫数量（头）						备注
月	日								1	2	3	4	5	6	

（1）入侵普查。每种类型田块随机调查多个，总调查田块尽量覆盖种植区域。玉米重点调查苗期至大喇叭口期田块。首先调查是否有疑似为害状，如发现则继续调查是否有卵块、幼虫等。

（2）发生程度普查。每种类型田块各普查3块以上。每块田按照上述的取样方法进行5点取样，每点调查10株，共调查50

株（图4-6A）。各个点间隔距离视田块大小而定，取样点距离田边1米以上。重点调查叶片背面。记录作物种类、调查面积、生育期、卵块数量，计算同一寄主作物各种类型田卵块密度和总体卵块密度。

2）系统调查

卵的系统调查从每代的成虫始见期开始，至成虫终见期结束，每3天调查1次。选择当地寄主作物主要种植区域3个，每个区域选择不同类型田各1～2块。具体取样方法、取样数量与普查的相同。调查数据填入表4-4中。

3. 幼虫

幼虫的普查于每代成虫高峰期后10～12天或者卵高峰期后7～10天进行1次。幼虫的系统调查每代从卵始盛期开始，至幼虫高龄盛期止，每3天调查1次。具体调查取样方法与卵的相同。首先调查是否有为害状，如有，再调查幼虫。记录作物种类、调查面积、生育期、幼虫数量、龄期等，计算同一寄主作物各个类型田幼虫密度和总体幼虫密度。可根据为害状来判断幼虫龄期。调查数据填入表4-4中。

4. 蛹

蛹的普查于每代高龄幼虫（5～6龄）盛期后10天进行1次。具体调查取样方式与卵的发生程度普查方法一致。每块田调查5个点，每个点挖查1米长单行玉米根部30厘米范围内10厘米深的土层，检查土壤或作物枝叶、穗等部位，记录作物种类、调查面积、生育期、蛹数量，计算同一寄主作物各个类型田蛹密度和蛹总体密度，单位为头/百株（公顷）。调查数据填入表4-5中。

表4-5　草地贪夜蛾田间蛹发生数量记录表

日期		地点	作物	田块号	生育期	取样面积（m²）	蛹总数（头）	蛹密度（头/公顷）	备注
月	日								

5. 作物受害程度调查

作物受害程度调查与幼虫发生程度普查同时进行。记录作物种类、调查面积、生育期、调查株数、受害株数，计算同一寄主作物各个类型田受害株率和总体受害株率。

六、 玉米苗期草地贪夜蛾发生程度分级指标

据实地调查获得的受害株率与幼虫密度的指数关系，提出了玉米苗期草地贪夜蛾发生程度分级指标（表4-6）（何沐阳等，2019）。将发生程度划分为5个等级，其定性等级为轻度、中度偏轻、中度、中度偏重、重度，对应的有虫株率分别为≤6%、7%～16%、17%～30%、31%～45%、>45%，幼虫密度（头/100株）分别为≤10、11～30、31～60、61～100、>100（表4-6）。按照这两个指标调查确定玉米苗期草地贪夜蛾发生程度时，可以实际获得的较重等级为准。

表4-6　玉米苗期以有虫株率和幼虫密度为指标的草地贪夜蛾发生程度分级

分级	发生程度定性等级	有虫株率（%）	幼虫密度（头/百株）
1	轻度	≤6	≤10
2	中度偏轻	7～16	11～30

分级	发生程度定性等级	有虫株率（％）	幼虫密度（头/百株）
3	中度	17～30	31～60
4	中度偏重	31～45	61～100
5	重度	＞45	＞100

七、 发生预测预报

　　草地贪夜蛾发生预测预报主要包括成虫迁入期、迁出期、迁入量、迁出量，田间各个虫期（卵、幼虫、蛹、成虫）发生期、发生量，作物受害程度等3个方面。由于目前尚没有较长时间的系统的动态调查数据，所以草地贪夜蛾大部分预测预报工作均难以开展。此处综合了何莉梅等（2019）、鲁智慧等（2019）关于不同温度下该虫发育历期的数据（表4-7、表4-8），便于在应用发育进度预测法预测之后各个虫期的发生期时参考。

表4-7　不同温度下草地贪夜蛾不同虫期发育历期（天）

温度/℃	虫态				
	卵	幼虫	蛹	成虫	世代
15	8.37	55.26	43.00	4.44	109.55
17	3.50	21.79	18.63	15.00	58.73
20	5.00	25.95	18.08	21.56	70.59
22	2.80	19.43	12.32	14.25	47.07
25	3.00	14.01	9.87	13.12	40.00
27	2.30	13.00	8.40	14.84	34.36
30	2.00	10.48	6.76	11.77	31.01

续上表

温度/℃	虫态				
	卵	幼虫	蛹	成虫	世代
32	2.25	11.81	6.21	8.90	29.15
35	2.00	9.58	6.48	11.21	27.80
37	2.17	11.12	6.19	3.69	22.57

注：数据资料引自何莉梅等（2019），鲁智慧等（2019）。

表4－8　不同温度下草地贪夜蛾幼虫各个龄期发育历期（天）

温度/℃	幼虫龄期						
	1龄	2龄	3龄	4龄	5龄	6龄	合计
15	8.86	5.86	5.76	6.03	8.37	19.35	54.23
17	3.74	3.44	2.72	2.86	3.59	6.86	23.21
20	4.15	3.32	3.16	3.17	4.10	7.83	25.73
22	3.66	2.56	2.06	2.57	2.96	5.91	19.72
25	3.00	1.99	1.99	1.14	1.54	4.32	13.98
27	1.30	1.56	1.68	1.85	2.40	4.77	13.56
30	2.00	1.00	1.26	1.22	1.44	3.52	10.44
32	1.22	1.21	1.48	1.48	1.77	4.45	11.61
35	2.04	1.01	1.05	1.01	1.43	3.05	9.59
37	1.00	1.00	1.06	1.36	1.65	5.46	11.53

注：数据资料引自何莉梅等（2019），鲁智慧等（2019）。

第五章 防控策略与技术

一、防控策略

草地贪夜蛾防控的总体防治思路按照"早谋划、早预警、早准备、早防治"的要求，坚持预防为主、综合防治，全面监测、应急防治，统防统治、联防联控。在防控策略上实行分区治理策略，主攻周年繁殖区，控制迁飞过渡区，保护玉米主产区，全力遏制草地贪夜蛾暴发成灾。在防控技术路线上按照"长短结合、标本兼治"的原则，以生态控制和农业防治为基础，生物防治和理化诱控为重点，化学防治为底线，实施"分区治理、联防联控、综合治理"策略（农业农村部，2020）。

1. 分区治理策略

根据草地贪夜蛾的生物学特性及我国气候和寄主作物种植等情况，将草地贪夜蛾在我国的全年发生区域划分为不同的防控区域，即周年繁殖区、迁飞过渡区和重点防控区，分别设立西南华南监测防控带、长江流域监测防控带、黄淮海阻截攻坚带，构建阻截迁飞入侵的边境防线、长江防线和黄河防线。不同域的防控目标和防控措施也是不同的。分区治理策略以虫源地种群控制为关键，通过调整作物种植结构或播期，保护利用天敌，实施以生物防治为基础，科学、安全、合理使用化学农药的策略，持续压低种群数量。

1）周年繁殖区

主要是我国热带和南亚热带气候区，包括海南、云南、广东、广西、福建、台湾、四川、贵州等省（区）部分地区。该区域常年种植玉米，全年气候适宜草地贪夜蛾发生危害，冬种玉米和温暖的气候为该虫冬季种群生长、繁殖提供了丰富的食料和适宜的气候条件。该区域是我国每年草地贪夜蛾初次发生的重要虫源地，也是境外草地贪夜蛾迁飞入侵我国的第一站，因此，第一道防线就是建立西南、华南监测防控带，构建边境防控线。重点任务是监测诱杀缅甸、老挝、越南等国迁飞入境的草地贪夜蛾虫源，压低迁出虫源基数，减轻长江流域的防控压力；该防线包括广东、广西、海南、云南等4个省（自治区）59个县（市、区）（农业农村部种植业管理司，2020）。

在周年繁殖区，冬、春季应重点监测玉米等主要寄主作物田草地贪夜蛾种群密度、发育进度，密切关注境外虫源迁入情况，并及时预警；重点防控当地种群，遏制当地种群孳生繁殖，压低春季北迁虫源基数。秋季应密切关注回迁虫源，尤其是要做好秋植玉米的防控工作。

2）迁飞过渡区

主要包括福建、湖南、江西、湖北、江苏、安徽、浙江、上海、重庆、四川、贵州等省（市）等，为中亚热带和北亚热带气候区。在迁飞过渡区构建第二道防线——长江防线的重点任务是建立长江流域监测防控带。该防线包括浙江、安徽（南部）、江西、湖北、湖南、重庆、贵州、四川等8个省（直辖市）66个县（市、区），重点工作是监测诱杀北迁虫源，压低种群基数，减轻黄淮海玉米主产区防控压力（农业农村部种植业管理司，2020）。

从三四月份开始，草地贪夜蛾借助西南季风，从周年繁殖区迁飞至本区域，繁殖1代后或作短暂停留继续北迁。因此，春末夏初应对该区玉米集中种植区大力实施统防统治，扑杀迁入虫源，提高防控效率，减轻当地危害，压低过境虫源繁殖基数，减少迁出虫源数量。

3）重点防控区

重点防控区即为黄淮海及北方玉米主产区，主要包括河南、河北、北京、天津、山东、山西、江苏、安徽、陕西、黑龙江、吉林、辽宁、内蒙古、宁夏等省（区、市），属温带气候区。该区的玉米产量高低直接影响国家粮食安全，是草地贪夜蛾迁入主要为害区和重点防范区。第三道防线就是在重点防控区南部建设黄淮海阻截攻坚带，构建黄河防线，保护玉米生产，降低损失率。该防线包括江苏、安徽（北部）、山东、河南、陕西、甘肃等 6 个省 80 个县（市）（农业农村部种植业管理司，2020）。其重点任务是监测诱杀迁入虫源，防控幼虫危害，限制成虫北迁，保护黄淮海和东北玉米生产安全。

4—6 月份开始要加强该区迁入虫源调查，重点做好晚播玉米的虫情监测预报，密切关注玉米苗期到抽雄吐丝期草地贪夜蛾的发生为害情况，做好关键期的应急防控。根据虫情监测结果，对集中降落区的迁入代成虫进行理化诱控，对发生危害期幼虫进行药剂防治，减轻危害损失，减少南迁虫源数量。

2. 联防联控策略

1）与境外虫源地国家联合监测与信息共享

草地贪夜蛾是一种跨境迁飞性害虫，我国的境外虫源主要来自中南半岛，境外虫源的迁入对我国的草地贪夜蛾的防治带来很大压力，因此我国积极参与联合国粮农组织（FAO）和国际应用生物科学中心（CABI）等国际组织实施的国际草地贪夜蛾防控行动，加强与老挝、越南、泰国、缅甸等中南半岛草地贪夜蛾发生国家的合作，通过落实草地贪夜蛾监测及预警系统、开发草地贪夜蛾风险地图等行动实现联合监测、信息共享，推动国家间、地区间的信息交流和联防联控，提高防控能力和效果。同时积极与国际专家进行交流合作，借鉴美洲、非洲有关国家草地贪夜蛾可持续治理的方法和经验，为我国草地贪夜蛾的防治提供管理技术和政策建议。

2）我国不同发生区域之间协调防控

由于草地贪夜蛾迁飞性强，不同地区间实施联防联控才能更为有效地控制其发生危害。因此，周年繁殖区、迁飞过渡区和重点防控区等 3 个不同区域应在时间上和空间上开展协调防控行动，开发以区域防控为主线的全程技术模式。冬、春季重点关注南方周年繁殖区，群防群治、统防统治与专业化防控相结合实施防控，控制境外迁入虫源和本地虫源，压低春季向北扩散蔓延的虫源基数；春末夏初对迁飞过渡区实施统防统治，提高防控效率和效果，压低第一代虫源基数以及虫源迁出数量；夏季及以后，重点关注黄淮海夏玉米和北方春玉米产区，加强虫情监测，根据虫情监测结果，对集中降落区和重发区实施统防统治和应急防治，防止大面积成灾现象发生，降低南迁虫源数量。

二、 防控技术

1. 农业防治

主要包括栽培管理、种植抗性品种等（Harrison 等，2019；Hailu 等，2018；Midega 等，2018）。栽培管理措施主要包括以下 5 个方面。

（1）调整作物播种期，适期提早播种，使草地贪夜蛾的幼虫盛发期与玉米受害敏感期（苗期至抽雄吐丝期）错开；适时统一播植，避免交错种植，减少桥梁田。

（2）加强田间肥水管理，开展健株栽培，促进玉米健康生长，提高玉米对草地贪夜蛾的抵御能力和耐受性。

（3）采用间（套）作防控草地贪夜蛾。间作植物不仅可以改善田间小气候、改良土壤，促进作物旺盛生长，还可以抑制害虫在寄主作物间移动，减少害虫对寄主的为害；可应用"推－拉（push-pull）"技术，目前这是间作技术中应用较为广泛并且防虫效果最有效的方式之一。

已有研究证实，玉米与豆科植物间作可明显降低草地贪夜蛾危害（图5－1）（Hailu 等，2018）。在肯尼亚、乌干达和坦桑尼亚，采用玉米间种耐旱的旋扭山绿豆［*Desmodium intortum*（Mill.）Urb.］，玉米田周边种植臂形草（*Brachiaria cv.* Mulato Ⅱ）作为防护带的复合种植方式，显著降低了玉米田草地贪夜蛾的发生和危害；与单作田相比，复合种植田玉米上草地贪夜蛾幼虫数量减少了82.7%，受害率降低了86.7%（Midega 等，2018）。

图5－1 玉米与扁豆间作降低草地贪夜蛾发生危害

（引自 C. Thierfelder/CIMMYT）

（4）提高玉米田块周边生境和生物多样性。田块周边丰富的生境和植物多样性，可有效增加天敌数量，抑制草地贪夜蛾发生为害。田间周边的开花植物越多，天敌种类和数量也越多，自然生物因素控制作用越强，草地贪夜蛾的为害可较容易控制在经济阈值水平以下。

（5）农事操作。人工摘除卵块、捕杀幼虫、耕翻土地灭蛹。在草地贪夜蛾化蛹盛期，在条件允许的情况下可采用田间浸水或翻耕土地，创造不利于化蛹和羽化的环境，加大蛹的死亡率。

种植具有抗性的作物品种是控制草地贪夜蛾为害的重要技术之一。抗性品种可分为常规抗虫作物和转基因抗虫作物。在常规抗性品种筛选方面，墨西哥、巴西、美国等国家通过改良热带和亚热带自交系玉米，开发了对草地贪夜蛾有抗性的种质资源，目前部分抗草地贪夜蛾玉米品种已经进入推广应用。种植商业化转基因棉花、玉米等作物控制草地贪夜蛾在部分美洲国家也较为普遍，例如导入 cry1A、cry1Ab、cry1F 等的转 Bt 基因玉米对草地贪夜蛾具有很好的抗性。但是，研究显示草地贪夜蛾对部分转基因玉米品种已经产生了一定抗性，需采取抗性监测、设置庇护所、种植含 2 价以上抗虫基因作物等策略减缓该虫对转基因作物的抗性发展（Horikoshi 等，2016）。

2. 物理防治

可利用草地贪夜蛾趋光性诱杀成虫。在成虫发生期，集中连片设置黑光灯进行诱杀，减少成虫数量，降低田间落卵量。一般按 100～150 米间距或者每 1～2 公顷面积设置一盏黑光灯，应覆盖玉米等寄主作物种植区域。根据虫量情况，每 3～10 天检查并清空集虫器。也可将玉米田外设置黑光灯诱杀与田间使用"推－拉"技术结合起来，以取得更好的防控效果。

可连片使用性信息素迷向法干扰和诱杀成虫，降低成虫寻找配偶、交配行为，减少成虫产卵量。在成虫发生初期或者在作物种植前一个月开始，按照 50～100 米间距或者每 0.3～1 公顷面积设置一个诱捕器，应覆盖玉米等寄主作物种植区域。根据虫量情况，每 3～10 天检查并清空诱捕器，每 1～2 个月更换一次诱芯。在田间应用时诱捕器的形状、颜色等因素也显著影响性信息素对草地贪夜蛾的诱集效果，因此要科学选择合适的诱捕器（图 5－2）。

A

B

图 5－2　用于草地贪夜蛾诱杀的食物诱集装置（A）和性诱集装置（B）

（王源泽摄）

草地贪夜蛾成虫对糖醋液、糖蜜水等有一定的趋性，当田间虫口数量开始上升时在田间放置糖醋液或者糖蜜水诱杀盆可以起到较好的防控作用（Barbosa 等，2018）。糖（醋）液对天敌也有一定的吸引力，可以在作物上喷洒一定浓度的糖溶液，吸引周边的天敌如蚂蚁、寄生蜂等进入田间，达到控害目的。另外，将砂子和草木灰等混合后倒入玉米叶芯中也可有效杀死草地贪夜蛾幼虫（FAO，2018）。

3. 生物防治

1）天敌昆虫

草地贪夜蛾的天敌昆虫种类繁多，主要有寄生性天敌和捕食性天敌。寄生蜂和寄生蝇是主要的两大寄生性天敌。据不完全统计，全世界范围内草地贪夜蛾的寄生蜂有 10 科 120 多种，我国目前已经记载了 16 种。其中，夜蛾黑卵蜂（*Telenomus remus*）的应用范围广、防控效果好，其主要寄生草地贪夜蛾的卵，从而有效控制幼虫对作物的为害。目前，巴西、墨西哥、委内瑞拉等拉丁美洲国家已在广泛应用夜蛾黑卵蜂和赤眼蜂（*Trichogramma*）防控草地贪夜蛾，取得显著效果。另外，缘腹绒茧蜂（*Apanteles marginiventris*）和甲腹茧蜂（*Chelonus*）应用也比较广泛。前者主要寄生草地贪夜蛾的 1～2 龄幼虫，后者属于跨卵–幼虫期寄生蜂。草地贪夜蛾的寄生蝇也有多种，应用比较广泛的为温寄蝇（*Winthemia*），主要寄生 5～6 龄幼虫，田间寄生率可达 30% 左右。

草地贪夜蛾的捕食性天敌包括鞘翅目瓢虫科、步甲科、革翅目球蝼科、半翅目猎蝽科、长蝽科、花蝽科、姬蝽科、蝽科等昆虫。田间常见的捕食性瓢虫有大斑长足瓢虫（*Coleomegilla maculata*）、集栖瓢虫（*Hippodamia convergens*）、楔斑溜瓢虫（*Olla vnigrum*）、红环瓢虫（*Rodolia limbata*），捕食性蝽类有大眼长蝽（*Geocoris pallidipennis*）、狡诈花蝽（*Orius insidiosus*）、益蝽（*Picromerus lewisi*）等（Prasanna 等，2018；李志刚等，2019；孔琳等，2019；唐艺婷等；2019；徐庆宣等，2019；代晓彦等，2019）。

　　中国常见的草地贪夜蛾寄生性天敌和捕食性天敌如图 5 - 3 和图 5 - 4 所示。

夜蛾黑卵蜂（李志刚摄）

夜蛾黑卵蜂正在寄生
草地贪夜蛾卵块（陈科伟摄）

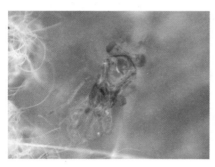

螟黄赤眼蜂（李军摄）

被螟黄赤眼蜂寄生的
草地贪夜蛾卵块（袁曦，2019）

淡足侧沟茧蜂和它的茧（刘伟玲摄）

图 5 - 3　中国常见的草地贪夜蛾寄生性天敌

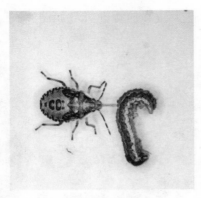

蝽蟓（郭义摄）

红彩真猎蝽蝽蟓（郭义摄）

叉角厉蝽捕食草地贪夜蛾（李慎磊摄）

图5-4 中国常见的草地贪夜蛾捕食性天敌

2）昆虫病原微生物

昆虫病原微生物是一类广泛存在于自然界且能引起昆虫疾病的微生物。自然界中草地贪夜蛾的病原微生物资源较为丰富，主要有昆虫病原真菌、细菌、病毒、线虫等，已被研究和应用的约47种。目前，应用较为广泛的昆虫病原真菌有玫烟色棒束孢（*Isaria fumosorosea*）、金龟子绿僵菌（*Metarhizium anisopliae*）、莱氏绿僵菌（*Metarhizium rileyi*）、球孢白僵菌（*Beauveria bassiana*）等。国内已筛选出具有较高防效的病原微生物多种，包括苏云金芽孢杆菌（*Bacillus thuringiensis*，Bt）、白僵菌（*Beavveria*）、绿僵菌（*Metarhizium*）（图5－6）、玫烟色棒束孢（*Isaria fumosorosea*）、核角多体病毒、病原线虫等（Prasanna等，2018；张海波等，2020；耿敬可等，2020；雷妍圆等，2020；郑亚强等，2019；彭国雄等，2019；刘华梅等，2019）。

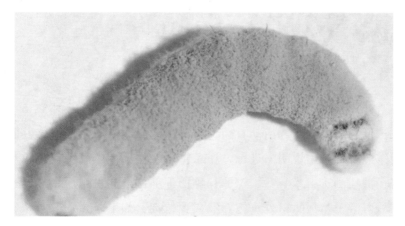

图5－5　被莱氏绿僵菌侵染的草地贪夜蛾高龄幼虫（梁铭荣摄）

4. 化学防治

化学防治是目前草地贪夜蛾田间防控的主要应急性措施，应结合玉米等寄主作物生长周期及草地贪夜蛾危害特点，本着"防早、防小"的原则，有针对性地施药。"防早"即是抓住异地虫源入侵本地区的早期、本地虫源侵入作物田的早期；"防小"即是抓住入侵发生还处于较小范围、虫情还处于低龄幼虫期（王磊等，2019a）。紧抓1～3龄幼虫防治关键期，充分发挥统防统治、专业化防治的作用。

1）防治指标

不同国家和地区草地贪夜蛾的防治指标不同。美洲和非洲等地区国家草地贪夜蛾防治指标为：玉米心叶初期（2～5片完全展开叶）平均被害株率20%时施药防治；玉米心叶末期（8～12片完全展开叶）平均被害株率40%时施药防治；玉米穗期果期平均被害株率20%时用药防治。全国农业技术推广服务中心结合我国实际情况制定的防治指标为：玉米苗期被害株率大于5%、大喇叭口期被害株率大于15%、穗期被害株率大于10%时即需要用药防治。

2）防治技术

（1）施药时期与方法。

使用杀虫剂防治时要抓住幼虫3龄以前喷雾灭杀（图5-6）。根据低龄幼虫聚集和活动时间，建议在清晨或傍晚施药。施药时要按照农药使用说明书进行，注意轮换使用不同类型药剂。重点将药液喷洒于玉米心叶、雄穗和雌穗等部位，亦可采用精准施药器械对准玉米喇叭口处点施药液或颗粒剂。如果杀虫剂兼具杀卵作用，也可在草地贪夜蛾卵盛期使用，重点将药液喷洒于叶片、心叶等部位，达到杀卵、杀低龄幼虫目的。

图5-6 在玉米小苗期使用背负式喷雾器喷洒药剂（陆永跃摄）

（2）农药种类。

根据国家相关法律法规和准则，选择合法合规的农药（三证齐全）防治草地贪夜蛾。在入侵早期应急防治中，鉴于无农药品种可用的实际情况，农业农村部等主管部门组织相关机构、专家通过大量防治试验筛选出了一批具良好防效的药剂和天敌，并在不同年度的《草地贪夜蛾防控技术方案》中予以公布、推荐。目前，草地贪夜蛾防治可使用的农药品种和天敌种类见表5-1。

表5-1　草地贪夜蛾防治用农药品种和天敌种类

类型	具体品种	
生物制剂及天敌（13种）	①甘蓝夜蛾核型多角体病毒；	②苏云金杆菌；
	③金龟子绿僵菌；	④球孢白僵菌；
	⑤短稳杆菌；	⑥多杀霉素；
	⑦印楝素；	⑧草地贪夜蛾性引诱剂；
	⑨螟黄赤眼蜂；	⑩玉米螟赤眼蜂；
	⑪松毛虫赤眼蜂；	⑫东亚小花蝽；
	⑬益蝽	
复配制剂（14种）	①除虫脲·高效氯氟氰菊酯；	
	②氟苯虫酰胺·甲氨基阿维菌素苯甲酸盐；	
	③氟铃脲·茚虫威；	
	④甲氨基阿维菌素苯甲酸盐·虫螨腈：	
	⑤甲氨基阿维菌素苯甲酸盐·虫酰肼；	
	⑥甲氨基阿维菌素苯甲酸盐·氟铃脲；	
	⑦甲氨基阿维菌素苯甲酸盐·高效氯氟氰菊酯；	
	⑧甲氨基阿维菌素苯甲酸盐·甲氧虫酰肼；	
	⑨甲氨基阿维菌素苯甲酸盐·杀铃脲；	
	⑩甲氨基阿维菌素苯甲酸盐·虱螨脲；	
	⑪甲氨基阿维菌素苯甲酸盐·茚虫威；	
	⑫甲氧虫酰肼·茚虫威；	
	⑬氯虫苯甲酰胺·阿维菌素；	
	⑭氯虫苯甲酰胺·高效氯氟氰菊酯	

类型	具体品种	
单剂 （8 种）	①甲氨基阿维菌素苯甲酸盐； ③四氯虫酰胺； ⑤虱螨脲； ⑦乙基多杀菌素；	②茚虫威； ④氯虫苯甲酰胺； ⑥虫螨腈； ⑧氟苯虫酰胺

这些草地贪夜蛾防治用物可分为 4 类：A. 甲氨基阿维菌素及其混剂；B. 双酰胺类及其混剂；C. 乙基多杀菌素等其他农药及其混剂；D. 微生物农药及天敌。注意轮换使用避免草地贪夜蛾抗药性产生和发展，针对 A、B、C 三类药剂每类药剂在一季作物上使用次数不超过 2 次，而 D 类生物药剂使用次数不限。

潘兴鲁等（2020）分析了 8 种田间常用防治草地贪夜蛾的药剂对环境风险及其对施药人员的健康风险，推荐甲氨基阿维菌素苯甲酸盐、乙基多杀菌素、氯虫苯甲酰胺、虱螨脲作为应急防控首选农药，虫酰肼作为补充药剂，在防治中应谨慎使用高效氯氟氰菊酯和乙酰甲胺磷。

（3）种子处理。

种子包衣或药剂拌种省时省力，可达到预防玉米出苗后短期内受害的目的，是草地贪夜蛾综合防治的重要一环，在作物生长早期对草地贪夜蛾起到持续控制作用。可以选用的药剂有氯虫苯甲酰胺、氰虫酰胺等。但是由于这种方法在作物生长中后期对草地贪夜蛾的控制作用较弱，还需要与其他防治措施如释放天敌、喷雾防治等相结合。

（4）增效剂和高效助剂使用。

有机硅助剂、非离子表面活性剂和高分子助剂等有助于农药在作物叶片上的渗透和吸收，有效增加对草地贪夜蛾触杀、胃毒和内吸效果，提高防效。合理有效使用增效剂和高效助剂有助于提高药剂对草地贪夜蛾防治效果。

（5）作物不同生育期采用适合的施药技术。

在玉米、高粱、大豆等作物苗期，主要通过在播种时使用内吸性杀虫剂处理种子防控草地贪夜蛾，而作物中后期则需要采用地面或航空喷雾方式来进行防控。低矮作物或开放型冠层作物如大豆使用（超）低容量喷雾即可达到较为理想的防治效果，而对于冠层茂密的作物如玉米、高粱等则需要大容量喷雾才能有足够的穿透性，使得更多药剂达到靶标。

此外利用静电喷雾防治草地贪夜蛾在施药量为常规剂量一半时即可达到和常规喷雾同样的防效。航空施药可能对某些作物上的草地贪夜蛾有很好的防治效果，但对于冠层密度大的作物在 19～47 升/公顷施药量时防治效果不如地面大容量喷雾的防治效果好。对为害严重的田块，航空施药必须和地面施药相结合，才有良好的防治效果。利用地面施药器械进行大容量喷雾（278～467 升/公顷）能够明显提高对草地贪夜蛾的防治效果，而且能减少施药次数。

5. 抗药性治理

1）加强抗药性监测

抗药性监测工作是抗性治理的开始和基础，是精准选药、用药的关键，也是评价抗性治理成效的依据。在全国主要区域建立抗药性监测机构、配备专业人员，对草地贪夜蛾等重大害虫的抗药性进行全面、持续监测，快速准确地掌握草地贪夜蛾的抗药性数据，为科学、合理选择药剂用于防治和开展抗性治理等提供科学依据。

2）科学使用化学农药

使用化学农药防控时应充分保证精准选药、适时用药、高效施药、轮换用药。对滇西甜糯玉米地草地贪夜蛾防治现状调查结果显示，当地主要采用化学药剂防治草地贪夜蛾，且以甲氨基阿维菌素苯甲酸盐为主，年施药超过 10 次，极易引发抗药性（宋翼飞和吴孔明，2020）。因此，在草地贪夜蛾防治中抓住草地贪夜蛾幼虫对杀虫剂最敏感的龄期用药，并选择合适的施药器械，实现对靶施药，减少药剂流失，提高药剂利用率；注意采取不同作用机制、不同抗性机制的多类杀虫剂在时间和空间上交替轮换使用的方式，防止抗药性快速产生和发展。

加大生物农药使用力度，并在害虫发生早期、虫口密度低的时期使用。生物农药与甲氨基阿维菌素及其混剂、双酰胺类及其混剂、乙基多杀菌素等其他农药及其混剂混合使用，可降低化学药剂用量 30%～50%。重点喷施在玉米心叶、雄穗和雌穗上。浓度及药液量要控制好，避免乱用、滥用。一般手动/电动喷雾器使用药液量为 30～45 千克/亩，大型机械使用药液量为 10～25 千克/亩，无人机使用药液量为 3 千克/亩。施药时添加助剂可提高防效和速效性，增加持效期。使用颗粒剂灌心防治效果好，持效期长，可降低农药使用次数与用量。

3）充分利用综合防治措施

在草地贪夜蛾防治中应牢固树立"公共植保、绿色植保"的理念，根据不同区域之间地理环境、气候条件、作物种植制度及草地贪夜蛾入侵发生规律等，因地制宜，制订科学合理的防控策略，建立以农业和生态调控为基础、生物防治为核心、化学农药为应急的草地贪夜蛾综合防治技术体系（王登杰等，2020）。加大力度开发与推广农业防治、物理防治、生物防治、遗传防治等新资源、新技术，以减少对化学防治的依赖。化学防治应当成为杀手锏，在草地贪夜蛾暴发初期或大规模迁移之前进行精准用药，确保能够迅速、有效地将其种群数量控制在经济阈值以下。

参 考 文 献

［1］ Barbosa M S, Dias B B, Guerra M S, et al. Applying plant oils to control fall armyworm (*Spodoptera frugiperda*) in corn ［J］. Australian Journal of Crop Science, 2018, 12 (4): 557 – 562 .

［2］ Cock M J W, Beseh P K, Buddie A G, et al. Molecular methods to detect *Spodoptera frugiperda* in Ghana, and implications for monitoring the spread of invasive species in developing countries ［J］. Scientific Reports, 2017, 7: 4103.

［3］ Djaman K, Higgins C, O'Neill M, et al. Population dynamics of six major insect pests during multiple crop growing seasons in northwestern New Mexico ［J］. Insects, 2019, 10 (11): 369.

［4］ Early R, González-Moreno P, Murphy S T, et al. Forecasting the global extent of invasion of the cereal pest *Spodoptera frugiperda*, the fall armyworm ［J］. NeoBiota, 2018, 40: 25 – 50.

［5］ EPPO Global Database. *Spodoptera frugiperda* ［DB/OL］. ［2020 – 05 – 04］. https://gd. eppo. int/taxon/ LAPHFR.

［6］ European and Mediterranean Plant Protection Organization. PM7/124 (1): *Spodoptera littoralis*, *Spodoptera litura*, *Spodoptera frugiperda*, *Spodoptera eridania* ［J］. Bulletin OEPP/EPPO Bulletin, 2015, 45 (3): 410 – 444.

［7］ Food and Agriculture Organization of the United Nations, CAB International. Community-based fall armyworm (*Spodoptera frugiperda*) monitoring, early warning and management ［M］. 1st edition. Rome: Food and Agriculture Organization, 2019.

［8］ Food and Agriculture Organization of the United Nations. Integrated management of the fall armyworm on maize: a guide for farmer field schools in africa ［M］. Rome: Food and Agriculture Organization of the

United Nations, 2018.

[9] Goergen G, Kumar P L, Sankung S B, et al. First report of outbreaks of the fall armyworm *Spodoptera frugiperda* (J. E. Smith) (Lepidoptera, Noctuidae), a new alien invasive pest in West and Central Africa [J]. PLoS ONE, 2016, 11 (10): e0165632.

[10] Hailu G, Niassy S, Zeyaur K R, et al. Maize-legume intercropping and push-pull for management of fall armyworm, stemborers, and striga in Uganda [J]. Agronomy Journal, 2018, 110 (6): 2513 – 2522.

[11] Harrison R D, Thierfelder C, Baudron F, et al. Agro-ecological options for fall armyworm (*Spodoptera frugiperda* J. E. Smith) management: providing low-cost, smallholder friendly solutions to an invasive pest [J]. Journal of Environmental Management, 2019, 243: 318 – 330.

[12] Horikoshi R J, Bernardi D, Bernardi O, et al. Effective dominance of resistance of *Spodoptera frugiperda* to Bt maize and cotton varieties: implications for resistance management [J]. Scientific Reports, 2016, 6: 34864.

[13] Li X J, Wu M F, Ma J, et al. Prediction of migratory routes of the invasive fall armyworm in eastern China using a trajectory analytical approach [J]. Pest Management Science, 2019, 76 (2): 454 – 463.

[14] Luginbill P. The fall armyworm [Z]. USDA Technology Bulletin, 1928, 34: 91.

[15] Ma J, Wang Y P, Wu M F, et al. High risk of the fall armyworm invading Japan and the Korean Peninsula via overseas migration [J]. Journal of Applied Entomology, 2019, 143: 911 – 920.

[16] Meagher R L, Nagoshi R N. Population dynamics and occurrence of *Spodoptera frugiperda* host strains in southern Florida [J]. Ecological Entomology, 2004, 29 (5): 614 – 620.

[17] Midega C A O, Pittchar J O, Pickett J A, et al. A climate-adapted push-

pull system effectively controls fall armyworm, *Spodoptera frugiperda* (J E Smith), in maize in East Africa [J]. Crop Protection, 2018, 105: 10 – 15.

[18] Nagoshi R N, Goergen G, Tounou K A, et al. Analysis of strain distribution, migratory potential, and invasion history of fall armyworm populations in northern Sub-Saharan Africa [J]. Scientific Reports, 2018, 8: 3710.

[19] Nagoshi R N, Meagher R L. Seasonal distribution of fall armyworm (Lepidoptera: Noctuidae) host strains in agricultural and turf grass habitats [J]. Enviromental Entomology, 2004, 33 (4): 881 – 889.

[20] Nboyine J A, Kusi F, Abudulai M, et al. A new pest, *Spodoptera frugiperda* (J. E. Smith), in tropical Africa: its seasonal dynamics and damage in maize fields in northern Ghana [J]. Crop Protection, 2020, 127: 104960.

[21] Prasanna B M, Huesing J E, Eddy R, et al. Fall armyworm in Africa: a guide for integrated pest management [M]. 1st edition. México: International Maize and Wheat Improvement Center, 2018.

[22] Rose A H, Silversides R H, Lindquist O H. Migration flight by an aphid, *Rhopulosiphum muidis* (Hemiptera: Aphididae) and a noctuid, *Spodoptera frugiperda* (Lep. : Noctuidae) [J]. The Canada Entomologist, 1975, 107 (6): 567 – 576.

[23] Sharanabasappa, Kalleshwaraswamy C M, Asokan R, et al. First report of the fall armyworm, *Spodoptera frugiperda* (J. E. Smith) (Lepidoptera: Noctuidae), an alien invasive pest on maize in India [J]. Pest Management in Horticultural Ecosystems, 2018, 24 (1): 23 – 29.

[24] Stokstad E. New crop pest takes Africa at lightning speed [J]. Science, 2017, 356 (6337): 473 – 474.

[25] Westbrook J K, Nagoshi R N, Meagher R L, et al. Modeling seasonal

migration of fall armyworm moths ［J］. International Journal of Biometeorology, 2016, 60 （2）: 255 – 267.

［26］ 代晓彦, 翟一凡, 陈福寿, 等. 东亚小花蝽对草地贪夜蛾幼虫的捕食能力评价 ［J］. 中国生物防治学报, 2019, 35 （5）: 704 – 708.

［27］ 房敏, 姚领, 李晓萌, 等. 成虫期补充不同营养对草地贪夜蛾繁殖力的影响 ［J］. 植物保护, 2020, 46 （2）: 193 – 195.

［28］ 葛世帅, 何莉梅, 和伟, 等. 草地贪夜蛾的飞行能力测定 ［J］. 植物保护, 2019, 45 （4）: 28 – 33.

［29］ 耿敬可, 吴燕燕, 顾偌铖, 等. 重庆地区玉米黏虫僵虫体内虫生真菌的分离鉴定 ［J］. 西南大学学报 （自然科学版）, 2020, 42 （1）: 9 – 15.

［30］ 郭井菲, 静大鹏, 太红坤, 等. 草地贪夜蛾形态特征及与3种玉米田为害特征和形态相近鳞翅目昆虫的比较 ［J］. 植物保护, 2019, 45 （2）: 7 – 12.

［31］ 何莉梅, 葛世帅, 陈玉超, 等. 草地贪夜蛾的发育起点温度、有效积温和发育历期预测模型 ［J］. 植物保护, 2019, 45 （5）: 18 – 26.

［32］ 何莉梅, 赵胜园, 吴孔明. 草地贪夜蛾取食为害花生的研究 ［J］. 植物保护, 2020, 46 （1）: 28 – 33.

［33］ 何沐阳, 李建芳, 任璐, 等. 基于有虫株率与幼虫密度关系的玉米苗期草地贪夜蛾发生程度分级研究 ［J］. 环境昆虫学报, 2019, 41 （4）: 503 – 507.

［34］ 和伟, 赵胜园, 葛世帅, 等. 草地贪夜蛾种群性诱测报方法研究 ［J］. 植物保护, 2019, 45 （4）: 48 – 53, 115.

［35］ 洪晓月. 农业昆虫学 ［M］. 3版. 北京: 中国农业出版社, 2017.

［36］ 江幸福, 张蕾, 程云霞, 等. 草地贪夜蛾迁飞行为与监测技术研究进展 ［J］. 植物保护, 2019, 45 （1）: 12 – 18.

［37］ 姜玉英, 刘杰, 曾娟. 高空测报灯监测黏虫区域性发生动态规律探索 ［J］. 应用昆虫学报, 2016, 53 （1）: 191 – 199.

［38］姜玉英，刘杰，谢茂昌，等. 2019 年我国草地贪夜蛾扩散为害规律观测［J］. 植物保护，2019，45（6）：10 - 19.

［39］姜玉英，刘杰，杨俊杰，等. 2019 年草地贪夜蛾灯诱监测应用效果［J/OL］. 植物保护（2020 - 02 - 06）［2020 - 03 - 30］. https：//doi. org/10. 16688/j. zwbh. 2020060.

［40］孔德英，孙涛，滕少娜，等. 草地贪夜蛾及其近似种的鉴定［J］. 植物检疫，2019，33（4）：37 - 40.

［41］孔琳，李玉艳，王孟卿，等. 多异瓢虫和异色瓢虫对草地贪夜蛾低龄幼虫的捕食能力评价［J］. 中国生物防治学报，2019，35（5）：709 - 714.

［42］雷妍圆，吕利华，王裕华，等. 一株玫烟色虫草对草地贪夜蛾的致病性研究［J］. 环境昆虫学报，2020，42（1）：68 - 75.

［43］李国平，王亚楠，李辉，等. 河南省苗期玉米田草地贪夜蛾幼虫与常见其他种类害虫的识别特征［J］. 中国生物防治学报，2019，35（5）：747 - 754.

［44］李志刚，吕欣，押玉柯，等. 粤港两地田间发现夜蛾黑卵蜂与螟黄赤眼蜂寄生草地贪夜蛾［J］. 环境昆虫学报，2019，41（4）：760 - 765.

［45］李子园，戴钎萱，邝昭琅，等. 3 种人工饲料对草地贪夜蛾生长发育及繁殖力的影响［J］. 环境昆虫学报，2019，41（6）：1147 - 1154.

［46］刘华梅，胡虓，王应龙，等. 对草地贪夜蛾高毒力的苏云金杆菌菌株筛选［J］. 中国生物防治学报，2019，35（5）：721 - 728.

［47］刘杰，姜玉英，刘万才，等. 草地贪夜蛾测报调查技术初探［J］. 中国植保导刊，2019，39（4）：44 - 47.

［48］鲁智慧，和淑琪，严乃胜，等. 温度对草地贪夜蛾生长发育及繁殖的影响［J］. 植物保护，2019，45（5）：27 - 31，53.

［49］罗举，马健，武明飞，等. 浙江入侵草地贪夜蛾的迁入虫源［J］. 中国水稻科学，2020，34（1）：80 - 87.

［50］孟正平. 草地螟雌蛾卵巢解剖技术［J］. 中国植保导刊，2007，27

（12）：28 – 29.

［51］农业农村部. 农业农村部关于印发《2020 年全国草地贪夜蛾防控预案》的通知（农农发〔2020〕1 号）［EB/OL］.（2020 – 02 – 21）［2020 – 03 – 17］. http：//www. moa. gov. cn/xw/bmdt/ 202002/t2020 0221_6337551. htm.

［52］农业农村部. 农业农村部关于印发《全国草地贪夜蛾防控方案》的通知（农农发〔2019〕3 号）［EB/OL］.（2020 – 02 – 21）［2020 – 03 – 17］. http：//www. moa. gov. cn/gk/tzgg_1/tz/ 201906/t20190628_6319 824. htm.

［53］农业农村部种植业管理司. 关于落实草地贪夜蛾"三区三带"布防任务的通知（农农（植保）〔2020〕12 号）［Z/OL］.［2020 – 04 – 28］.

［54］潘兴鲁，董丰收，芮昌辉，等. 我国草地贪夜蛾应急化学防控风险评估及对策［J/OL］. 植物保护（2020 – 05 – 08）［2020 – 05 – 09］. https：// doi. org/10. 16688/j. zwbh. 2020163.

［55］彭国雄，张淑玲，夏玉先. 杀虫真菌对草地贪夜蛾不同虫态的室内活性［J］. 中国生物防治学报，2019，35（5）：729 – 734.

［56］齐国君，黄德超，王磊，等. 广东省草地贪夜蛾冬季发生特征及周年繁殖区域研究［J/OL］. 环境昆虫学报（2020 – 04 – 29）［2020 – 05 – 09］. http：//kns. cnki. net/kcms/detail/44. 1640. q. 20200429. 1359. 004. html.

［57］齐国君，马健，胡高，等. 首次入侵广东的草地贪夜蛾迁入路径及天气背景分析［J］. 环境昆虫学报，2019，41（3）：488 – 496.

［58］秦誉嘉，蓝帅，赵紫华，等. 迁飞性害虫草地贪夜蛾在我国的潜在地理分布［J］. 植物保护，2019，45（4）：43 – 47.

［59］任学祥，胡本进，苏贤岩，等. 安徽发现草地贪夜蛾区别为害麦玉/麦豆轮作田小麦［J］. 植物保护，2020，46（2）：287 – 288.

［60］宋翼飞，吴孔明. 滇西甜糯玉米草地贪夜蛾防治现状调查［J］. 植物保护（2020 – 04 – 23）［2020 – 05 – 09］. https：//doi. org/10. 16688/ j. zwbh. 2020175.

［61］ 孙小旭，赵胜园，靳明辉，等. 玉米田草地贪夜蛾幼虫的空间分布型与抽样技术［J］. 植物保护，2019，45（2）：13－18.

［62］ 孙晓玲，陈成聪，李宁，等. 草地贪夜蛾有转移危害茶树的可能［J］. 茶叶科学，2020，40（1）：105－112.

［63］ 唐艺婷，李玉艳，刘晨曦，等. 蠋蝽对草地贪夜蛾的捕食能力评价和捕食行为观察［J］. 植物保护，2019，45（4）：65－68.

［64］ 王道通，张蕾，程云霞，等. 草地贪夜蛾幼虫龄期对自相残杀行为的影响［J/OL］. 植物保护（2019－11－07）［2020－03－20］. https：//doi. org/10. 16688/j. zwbh. 2019589.

［65］ 王登杰，任茂琼，姜继红，等. 草地贪夜蛾绿色防控技术研究进展［J］. 植物保护，2020，46（1）：1－9.

［66］ 王磊，陈科伟，陆永跃. 我国草地贪夜蛾入侵扩张动态与发生趋势预测［J］. 环境昆虫学报，2019b，41（4）：683－694.

［67］ 王磊，陈科伟，钟国华，等. 重大入侵害虫草地贪夜蛾发生危害、防控研究进展及防控策略探讨［J］. 环境昆虫学报，2019a，41（3）：479－487.

［68］ 吴秋琳，姜玉英，胡高，等. 中国热带和南亚热带地区草地贪夜蛾春夏两季迁飞轨迹的分析［J］. 植物保护，2019a，45（3）：1－9.

［69］ 吴秋琳，姜玉英，吴孔明. 草地贪夜蛾缅甸虫源迁入中国的路径分析［J］. 植物保护，2019b，45（2）：1－9.

［70］ 冼继东，陈科伟，王磊，等. 外来入侵新害虫草地贪夜蛾调查监测方法探讨［J］. 环境昆虫学报，2019，41（3）：503－507.

［71］ 谢殿杰，张蕾，程云霞，等. 不同温度下草地贪夜蛾年龄阶段实验种群两性生命表的构建［J］. 植物保护，2019a，45（6）：20－27.

［72］ 谢殿杰，张蕾，程云霞，等. 温度对草地贪夜蛾飞行能力的影响［J］. 植物保护，2019b，45（5）：13－17.

［73］ 谢明惠，钟永志，陈浩梁，等. 草地贪夜蛾在安徽地区越冬能力初探

［J/OL］. 植物保护（2020 - 01 - 02）［2020 - 03 - 17］. https：//doi. org/10. 16688/j. zwbh. 2019707.

［74］ 徐庆宣，王松，田仁斌，等. 大草蛉对草地贪夜蛾捕食潜能研究［J］. 环境昆虫学报，2019，41（4）：754 - 759.

［75］ 杨现明，赵胜园，姜玉英，等. 大麦田草地贪夜蛾的发生为害及抽样技术［J］. 植物保护，2020，46（2）：18 - 23.

［76］ 杨学礼，刘永昌，罗茗钟，等. 云南省江城县首次发现迁入我国西南地区的草地贪夜蛾［J］. 云南农业，2019（1）：72.

［77］ 张海波，王凤良，陈永明，等. 核型多角体病毒对玉米草地贪夜蛾的控制作用研究［J］. 植物保护，2020，46（2）：254 - 260.

［78］ 张红梅，尹艳琼，赵雪晴，等. 草地贪夜蛾在不同温度条件下的生长发育特性［J］. 环境昆虫学报，2020，42（1）：52 - 59.

［79］ 张磊，靳明辉，张丹丹，等. 入侵云南草地贪夜蛾的分子鉴定［J］. 植物保护，2019，45（2）：19 - 24，56.

［80］ 张志涛. 昆虫迁飞与昆虫迁飞场［J］. 植物保护，1992，18（1）：49 - 51.

［81］ 赵胜园，罗倩明，孙小旭，等. 草地贪夜蛾与斜纹夜蛾的形态特征和生物学习性比较［J］. 中国植保导刊，2019a，39（5）：26 - 35.

［82］ 赵胜园，杨现明，和伟，等. 草地贪夜蛾卵巢发育分级与繁殖潜力预测方法［J］. 植物保护，2019b，45（6）：28 - 34.

［83］ 赵雪晴，陈福寿，尹艳琼，等. 草地贪夜蛾在云南元谋县青稞、燕麦、糜子田的发生为害特征［J］. 植物保护，2020，46（2）：216 - 221.

［84］ 郑亚强，胡惠芬，付玉飞，等. 草地贪夜蛾莱氏绿僵菌的分离鉴定［J］. 植物保护，2019，45（5）：65 - 70.

［85］ 周上朝，栗圣博，苏冉冉，等. 广西草地贪夜蛾为害冬粉薯初报［J］. 植物保护，2020，46（2）：209 - 211.

附录一　2020 年全国草地贪夜蛾防控预案

〔农业农村部（农农发〔2020〕1 号），2020 年 2 月 20 日〕

2019 年草地贪夜蛾首次入侵我国，党中央、国务院高度重视，习近平总书记多次作出重要指示批示，李克强总理也作出具体要求。农业农村部按照中央的决策部署，组织各地全力采取防控措施，有效遏制草地贪夜蛾暴发成灾，实现了防虫害夺丰收的目标。草地贪夜蛾作为迁飞性害虫，已在我国南方定殖，同时境外虫源持续迁入，2020 年发生态势更加严峻，防控任务更加艰巨。为有效防控草地贪夜蛾暴发成灾，努力夺取小康之年粮食和农业丰收，特制定本预案。

一、2020 年草地贪夜蛾发生态势

根据全国农作物病虫害监测网调查监测和专家会商分析，预测 2020 年草地贪夜蛾呈重发态势，各地区均有集中危害的可能。

（一）虫源基数大

国内周年繁殖区冬季虫量大，去年 11 月至今年 1 月，西南、华南六省冬季玉米种植区持续监测到草地贪夜蛾发生危害。云南、四川等地小麦上局部见虫，田间普遍繁殖 1～2 代，虫源积累基数明显高于上年。截至 2 月 10 日，上述地区见虫面积超过 60 万亩，是 2019 年同期的 90 倍。云南 53 个县见虫，平均百株虫量 6 头，高者 60～90 头。此外，与云南毗邻的老挝草地贪夜蛾已发生 112 万亩，虫源基数明显大于上年。境内外虫源的双重叠加，势必加重今年我国虫害的发生程度。

（二）北迁时间提早

草地贪夜蛾在我国定殖以来，冬季在西南华南持续繁殖，目前已见虫 113 个县，发生期比上年提早 2 个月左右。同时，江南冬季平均气温 0℃以上区域冬闲田和玉米秸秆中也查见越冬活虫（蛹），随着春季气温回升，上述地区草地贪夜蛾将陆续羽化形成境内北迁虫源。另外，去年 12 月份以来，云南江城、海南儋州也持续监测到境外草地贪夜蛾迁入，时间比 2019 年同期提早30～40 天。由于境内发生时间提早，加之境外虫源的持续迁入，预计 2020 年周年繁殖区和迁飞过渡区虫源北迁时间提早 1个月左右。

（三）发生面积扩大

今年草地贪夜蛾发生面临境内外虫源双重叠加，加之越冬基数大、北迁时间提前、发生代次增加，导致该虫向黄淮海等北方玉米区扩散蔓延，威胁区域占玉米种植区域的 50% 以上，预计全年发生面积 1 亿亩左右，黄淮海夏玉米苗期遭遇草地贪夜蛾危害风险显著增加，极有可能造成缺苗断垄危害。同时，西南华南地区甘蔗、高粱，以及黄淮以南地区冬小麦也存在受害风险。

二、防控思路及目标任务

（一）防控思路

贯彻落实中央一号文件精神和全国农业农村厅局长会议部署，进一步压实粮食生产安全责任制，强化部门指导、省负总责、县抓落实的防控机制，在做好新冠肺炎疫情防控的同时，按照"早谋划、早预警、早准备、早防治"的要求，坚持预防为主、综合防治，全面监测、应急防治，统防统治、联防联控，主攻周年繁殖区，控制迁飞过渡区，保护玉米主产区，全力遏制草地贪夜蛾暴发成灾，赢得粮食和农业丰收主动权。

（二）防控目标

总体目标：实现"两个确保"，即确保虫口密度达标区域应防尽防，确保发生区域不大面积成灾。防控处置率 90% 以上，总体危害损失控制在 5% 以内。

区域目标：西南华南周年繁殖区，虫口密度达标区域防控处置率 95% 以上，危害损失率控制在 8% 以内。江南江淮迁飞过渡区，虫口密度达标区域防控处置率 90% 以上，危害损失率控制在 5% 以内。黄淮海及北方重点防范区，虫口密度达标区域防控处置率 85% 以上，危害损失率控制在 3% 以内。

（三）防控任务

预计全国需要防治面积 0.8 亿～1 亿亩次。其中，西南华南周年繁殖区防治面积 3500 万～4000 万亩次，江南江淮迁飞过渡区防治面积 1500 万～2000 万亩次，黄淮海及北方重点防范区防治面积 3000 万～4000 万亩次。通过有效防治，直接保护作物面积 1 亿亩左右，间接保护潜在威胁区域 2 亿亩。

三、防控对策措施

按照全面监测、全力扑杀，分区施策、联防联控的要求，优化监测防控措施，大力推进统防统治与应急防治，结合生物生态控制，最大限度降低危害损失。

（一）全面监测预报

组织各级植保机构按照统一方法，开展区域联合监测，信息实时共享，全面掌握草地贪夜蛾发生动态，确保不因监测预报不到位贻误最佳防控时机，导致害虫大面积暴发成灾。

1. 加密布设监测站点。按照草地贪夜蛾迁飞规律和危害特点，增设测报网点，加密布设高空测报灯、性诱等监测设备。全国玉米生产重点县每个村至少一套性诱捕器，西南华南边境地区、迁飞扩散通道和玉米小麦主产区，每个县至少配备一台高空测报灯，开展系统观测、准确掌握草地贪夜蛾成虫迁飞和发生消长动态。

2. 全面加强田间调查。以玉米为重点，兼顾小麦、甘蔗、高粱等寄主植物，组织县级植保技术人员，在草地贪夜蛾发生期，定点定人定田，每3天开展一次系统观测，重点掌握成虫高峰、产卵数量、幼虫密度、被害株率。在苗期、大喇叭口期和穗期，组织乡镇农技人员和种植大户、合作社、专业化防治服务组织，及时开展大田普查，力争做到县不漏乡、乡不漏村、村不漏田，明确重点防控区域和关键防控时期。

3. 严格信息报送制度。继续执行首次查见当天即报，已发生区"一周两报"制度，西南华南周年繁殖区全年、江南江淮迁飞过渡区3—11月份、黄淮海及北方重点防范区4—10月份，通过"全国草地贪夜蛾发生防控信息平台"及时填报监测调查数据和防控进展情况，实现"一盘棋"调度、实时共享、挂图作战。

4. 及时发布虫情预报。省级以上农业农村部门所属植保机构，根据虫情调度结果，年初发布全年趋势预报；发生关键时期，发布害虫的区域性发生时间和发生程度预报。各发生县市植保机构及时发布短期预报和防控技术信息，并通过电视、广播、网络等多种形式广泛宣传，提高信息覆盖率和到位率，指导科学防控。

（二）实施分区联防

按照草地贪夜蛾发生规律和危害特点，采取分区域、分时段落实监测防控任务。

1. 西南华南周年繁殖区。重点扑杀境外迁入虫源，遏制当地孳生繁殖，控制当地危害损失，减少迁出虫源数量。

2—3月：摸清越冬区域、越冬寄主以及对不同作物的危害情况。以玉米为重点，兼顾小麦，采取综合防治措施，压低虫口基数，降低危害损失。密切关注境外虫源迁入情况，采取诱控措施杀灭迁入成虫。

4—7月：重点监测玉米、小麦、高粱和甘蔗等作物发生情况，采取保护天敌、生物防治、物理诱杀、化学防治等综合防治措施，降低危害损失，最大限度控制迁出虫源量。

8—12月：夏季监测在田玉米等作物发生情况，秋季监测虫源回迁情况；采取综合防治措施重点做好夏秋玉米等作物防控。

2. 江南江淮迁飞过渡区。重点扑杀迁入虫源，减轻当地危害、压低过境虫源繁殖基数。

4—6月：密切监测南方虫源迁入动态，减少过境虫源北迁，采取综合防治措施，重点做好玉米害虫防控，兼顾小麦，降低危害损失，减少北迁虫源。

7—10月：夏季做好玉米害虫防控，秋季做好玉米和小麦等作物害虫防控，采用物理诱控、化学防治、保护利用昆虫天敌、生物防治等措施，最大限度减少虫源基数，降低危害损失，减少南回虫源。

3. 黄淮海及北方重点防范区。重点保护玉米生产，降低危害损失率。

4—6月：做好迁入虫源监测，全面普查冬小麦和春玉米（重点是早播玉米）发生危害情况，采用化学防控等措施及时防控，减少危害损失。

7—10月：重点做好夏玉米虫情监测，全面普查夏玉米（重点是晚播玉米）发生危害情况，采用化学防控等措施及时防控，减轻危害损失，减少南回虫源数量。

（三）优化关键技术措施

根据草地贪夜蛾的发生发展规律，结合预测预报，因地制宜采取理化诱控、生物生态控制、应急化学防治等综合措施，强化统防统治和联防联控，及时控制害虫扩散危害。

1. 理化诱控。在成虫发生高峰期，采取高空诱虫灯、性诱捕器以及食物诱杀等理化诱控措施，诱杀成虫，干扰交配，减少田间落卵量，压低发生基数，减轻危害损失。

2. 生物防治。以西南、华南草地贪夜蛾周年繁殖区为重点，采用白僵菌、绿僵菌、核型多角体病毒（NPV）、苏云金杆菌（Bt）等生物制剂早期预防幼虫，充分保护利用夜蛾黑卵蜂、螟黄赤眼蜂、蠋蝽等天敌，因地制宜采取结构调整等生态调控措施，减轻发生程度，减少化学农药使用，促进可持续治理。

3. 科学用药。对虫口密度高、集中连片发生区域，抓住幼虫低龄期实施统防统治和联防联控；对分散发生区实施重点挑治和点杀点治。推广应用乙基多杀菌素、茚虫威、甲维盐、虱螨脲、虫螨腈、氯虫苯甲酰胺等高效低风险农药，注重农药的交替使用、轮换使用、安全使用，延缓抗药性产生，提高防控效果。

（四）适时开展应急防治

根据草地贪夜蛾暴发危害预警，对粮食生产可能造成严重损失的区域，采取应急防治措施，全力控制危害，最大限度降低危害损失。

1. 发布虫情预警。一旦出现大面积暴发危害的虫情，各级植保机构立即发布虫情预警信息，报告当地农业农村主管部门和上级植保机构；农业农村部门及时将预警信息报送本级人民政府，并提出应急防治对策建议。

2. 储备防治物资。根据应急防治需要，完善应急防治药剂推荐目录，储备必要的药剂和器械等防治物资。同时，指导农药、药械生产经营企业做好生产供应，加大农药市场监督抽查力度，坚决打击假冒伪劣农药坑农害农，确保农民用上放心药。

3. 组织应急队伍。在西南华南边境地区、江南江淮重点迁飞通道和北方重点防范区，以专业化统防统治服务组织为主体，以新型农业经营主体为补充，组建培育应急防治队伍，配备高效施药器械和安全防护用品，提升应急防治能力和水平。

4. 实施应急防治。在发生面积大、虫口密度高、扩散势头猛、成灾威胁大的区域，地方各级人民政府依据《国家突发公共事件总体应急预案》要求，及时启动应急响应，划定应急防治范围和面积，调集防治队伍，组织开展应急防治行动，严防大面积暴发成灾。

四、防控保障措施

全面做好2020年草地贪夜蛾防控，要加强组织领导，强化政策扶持，加大资金、技术、人员等保障力度，确保监测防治措施落实落地。

（一）加强指挥协调

农业农村部成立由分管负责同志任指挥长的全国草地贪夜蛾防控指挥部，统一指挥调度防控工作。相关司局密切配合、相互协作，共同做好草地贪夜蛾防控相关工作。指挥部办公室设在种植业管理司，承担日常工作。农业农村部适时召开动员部署会，安排布置监测防控工作。在草地贪夜蛾发生的关键时期，分区域组织召开现场会，派出督导组赴重点地区调研指导，推进防控任务落实。重点发生区域，也要成立相应的防控指挥协调机构，统筹协调和督促落实辖区内防控工作。

（二）强化属地责任

建立"分级负责、属地管理"的应急防控机制，将草地贪夜蛾防控纳入粮食安全省长责任制考核内容，省级人民政府对本辖区防控工作负总责，省级政府建立健全分管负责同志牵头的组织领导机制，抓好目标确定、组织动员、统筹资源、监测防治、督导检查等工作。县级政府承担防控主体责任，统筹协调当地人力物力，强化植保队伍建设，组织动员各乡镇和社会力量做好防控工作。

（三）加大资金投入

根据今年草地贪夜蛾的防控任务和防虫害保丰收的要求，农业农村部安排资金支持做好病虫调查监测和技术培训，同时会同财政部安排农业生产救灾资金，支持地方开展相关防控工作。各地要及时下拨资金，统筹规范使用，相应增加资金投入，并安排必要的监测防治培训经费，确保各项防控措施落实到位。

（四）强化科技支撑

充分发挥草地贪夜蛾防控专家组的作用，对害虫灾变规律、监测防治等亟需技术开展协同研究，开展技术集成和试验示范。关键时期组织专家到防控重点区域和技术薄弱地区开展技术指导、举办培训班和科普讲座，编发防治技术手册，进一步提高技术到位率和普及率。同时，加强与周边国家的信息交换与防治技术交流，促进区域协作联防。

附录二　2020年草地贪夜蛾防控技术方案

（全国农业技术推广服务中心）

根据全国农作物病虫害监测网调查和专家会商分析结果，预测2020年全国草地贪夜蛾呈重发态势，发生区域涉及西南、华南、江南、长江中下游、江淮、黄淮、华北、西北玉米区，并有迁入东北春玉米区的可能，发生区域占玉米种植区面积的80%以上，南方省份发生代次多、危害重，预计发生面积1亿亩左右。为做好2020年草地贪夜蛾防控工作，实现"虫口夺粮"保丰收，制定本方案。

一、防控目标

实现"两个确保"，即确保虫口密度达标区域应防尽防，确保发生区域不大面积连片成灾。防控处置率总体达90%以上，总体危害损失控制在5%以内。

二、防控策略

按照草地贪夜蛾发生规律和危害特点，坚持统防统治、群防群治、联防联控，开展大区联合监测，推行分区治理，突出主要作物和关键季节，落实防控指导任务。利用理化诱杀控制成虫种群数量，抓住低龄幼虫防治关键期，注重区域联防和统防统治。

三、防控措施

（一）监测预警

在西南和华南边境地区、迁飞扩散通道设立重点监测点，结合高空测报灯和黑光灯监测成虫迁飞数量和动态。在长江中下游、黄淮海、东北和西北地区开展灯诱、性诱监测成虫发生情况。以玉米为重点，兼顾小麦、甘蔗、高粱等寄主植物，害虫生长季开展大田普查，确保早发现、早控制。

（二）分区防控重点

华南及西南周年发生区防控境外迁入虫源，遏制当地孳生繁殖，加强成虫诱杀，减少迁出虫源数量；长江流域及江南地区重点扑杀迁入种群，诱杀成虫，扑杀本地幼虫，压低过境虫源基数；黄淮海及北方地区以保护玉米生产为重点，加强迁飞成虫监测，主攻低龄幼虫防治。

（三）主要技术措施

1. 生态调控及天敌保护利用：以草地贪夜蛾周年发生区和境外虫源早期迁入区为重点，强化生物生态预防措施。有条件的地区可与非禾本科作物间作套种，保护农田自然环境中的寄生性和捕食性天敌，发挥生物多样性的自然控制优势，促进可持续治理。

2. 种子处理技术：选择含有氯虫苯甲酰胺等成分的种衣剂实施种子统一包衣，防治苗期草地贪夜蛾。

3. 成虫诱杀技术：在成虫发生高峰期，采取高空诱虫灯、性诱捕器等理化诱控措施，诱杀成虫、干扰交配，减少田间落卵量，压低发生基数，减轻危害损失。

4. 卵期和幼虫防治技术：抓住低龄幼虫的防控最佳时期实施统防统治和联防联控。施药时间最好选择在清晨或者傍晚，重点关注心叶、雄穗和雌穗等部位。

（1）生物防治：在卵孵化初期选择喷施苏云金杆菌、球孢白僵菌、金龟子绿僵菌、多杀霉素、印楝素、甘蓝夜蛾核型多角体病毒等生物农药，或者释放螟黄赤眼蜂、玉米螟赤眼蜂、松毛虫赤眼蜂等寄生性天敌和东亚小花蝽、益蝽等捕食性天敌昆虫防治。

（2）应急防治：针对虫口密度高、集中连片发生区域，可选用农业农村部推荐的草地贪夜蛾的应急防治用药，如甲氨基阿维菌素苯甲酸盐、氯虫苯甲酰胺、乙基多杀菌素、茚虫威、虱螨脲等，及时开展科学防治，注意轮换用药和安全用药。